Lukas Gajcy

Erarbeitung der rechnerischen Lösungsverfahren für Lineare Gleichungssysteme mit Hilfe der Methode „Lernen durch Lehren"

GRIN Verlag

Bibliografische Information der Deutschen Nationalbibliothek:

Die Deutsche Bibliothek verzeichnet diese Publikation in der Deutschen National-
bibliografie; detaillierte bibliografische Daten sind im Internet über http://dnb.d-
nb.de/ abrufbar.

Impressum:

Copyright © 2012 GRIN Verlag GmbH
Druck und Bindung: Books on Demand GmbH, Norderstedt Germany
ISBN: 978-3-656-53834-9

Dieses Buch bei GRIN:

http://www.grin.com/de/e-book/263274/erarbeitung-der-rechnerischen-loesungs-
verfahren-fuer-lineare-gleichungssysteme

GRIN - Your knowledge has value

Der GRIN Verlag publiziert seit 1998 wissenschaftliche Arbeiten von Studenten, Hochschullehrern und anderen Akademikern als eBook und gedrucktes Buch. Die Verlagswebsite www.grin.com ist die ideale Plattform zur Veröffentlichung von Hausarbeiten, Abschlussarbeiten, wissenschaftlichen Aufsätzen, Dissertationen und Fachbüchern.

Besuchen Sie uns im Internet:

http://www.grin.com/

http://www.facebook.com/grincom

http://www.twitter.com/grin_com

Zweite Staatsprüfung für das Lehramt an Gymnasien
Hausarbeit im Fach Mathematik

Thema der Hausarbeit:

Erarbeitung der rechnerischen Lösungsverfahren für Lineare Gleichungssysteme mit Hilfe der Methode „Lernen durch Lehren"

Lukas Gajcy
Immanuel-Kant-Schule
Neumünster

Abgabetermin: 27.01.2012

Inhaltsverzeichnis

1. Problemstellung

1.1. Themenfindung und Bezug zu den Inhalten der Ausbildung

Die hier vorgestellte Unterrichtseinheit beschäftigte sich mit der Makromethode „Lernen durch Lehren" (LdL) im Mathematikunterricht einer achten Klasse an einem Gymnasium. Zur Durchführung der Einheit wurde als Sozialform das Gruppenpuzzle verwendet[1]. Das bedeutet, dass die Schülerinnen und Schüler (SuS) sich selbständig in Kleingruppen ein Lösungsverfahren für Lineare Gleichungssysteme (LGS) erarbeiten, ein eigenes Arbeitsblatt dazu vorbereiten und den anderen SuS ihr Verfahren erklären bzw. sich erklären lassen sollten.

Die Idee, die SuS in den Lehr- und Lernprozess auf Seiten der Lehrenden miteinzubinden, wurde mir bereits im Grundlagenmodul GY-MAT-G am 01.09.2010 von Herr Hormann vermittelt. Dabei wurde mir deutlich, dass diese Methode immer wieder im Unterrichtsalltag zur Anwendung kommt, beispielsweise wenn die SuS ihren Mitschülern eine Aufgabe oder eigene Ideen an der Tafel erläutern. Bereits hierbei handelt es sich um eine durch SuS ausgeführte Lehrtätigkeit. Außerdem wurde in diesem und in den folgenden Mathematikmodulen immer wieder auf die Sozialform des Gruppenpuzzles verwiesen, bei dem sich die SuS in Expertengruppen bestimmte Inhalte erarbeiten und danach in ihren Stammgruppen erklären. Das Gruppenpuzzle basiert auf der Idee, dass ein nachhaltiges Lernen vor allem dann gelingt, wenn man sein Wissen anderen erklären kann und damit die eigenen fachlichen Kompetenzen in einer praktischen Anwendung erproben kann[2]. In den Mathematikmodulen blieb die Sozialform aber meistens nur auf einen kleinen Themenbereich im Rahmen einer (Doppel)Stunde beschränkt.

In den Pädagogikmodulen fiel mir auf, dass vor allem die Fremdsprachenlehrer LdL nutzen, da hierbei die aktive Nutzung der Fremdsprache ein wesentliches Merkmal der Unterrichtsgestaltung ist[3]. In meinen Augen ist aber auch die Verwendung der Fachsprache im Unterrichtsfach Mathematik ein wesentliches, nicht zu vernachlässigendes, Merkmal. Die endgültige Entscheidung, LdL auch im Rahmen einer kompletten Unterrichtseinheit im Mathematikunterricht zu nutzen, folgt aus dem Pädagogikmodul A-GY-PAE-0022 am 21.09.2011 bei Herr Gidl-Kilian. Hier wurden die Makromethoden vorgestellt, so dass ich mich schwerpunktmäßig mit LdL in einem allgemeinen Rahmen beschäftigen konnte. Ich habe festgestellt, dass das LdL-Konzept nach Jean Pol Martin in seiner ursprünglichen Idee zwar die Planung und Durchführung einer Schulstunde vorsieht, eine Änderung dieser Struktur jedoch möglich ist, ohne das LdL-Prinzip zu verletzen[4]. Daher entschied ich mich dafür, LdL als Methode für die selbständige Erarbeitung von rechnerischen Lösungsverfahren bei LGS zu nutzen.

---

[1] Nach der Definition von Wolfgang Mattes handelt es sich bei der Sozialform in dieser Unterrichtseinheit um das Gruppenmixverfahren, da auf die erste Stammgruppenphase verzichtet wird. Vgl.: Mattes: Methoden, S. 82f. Da in der Literatur Mattes der einzige ist, der hierfür eine neue Bezeichnung einführt, verzichte ich jedoch auf diese Trennung und nenne die benutzte Sozialform analog zu Barzel u.a.: Methodik, S. 96-103 auch Gruppenpuzzle.

[2] Mattes: Methoden, S. 184.

[3] Vgl.: Meyerhöfer: Überlegungen, S. 170. Zusätzlich wiederholen sich im Fremdsprachenunterricht die Unterrichtsformen oft, so dass die SuS den Unterricht schnell selbst gestalten können. Laumeyer: Lernen, S. 180.

[4] Die Beteiligung der SuS an der Lehre ist in verschiedensten Formen möglich. Vgl.: Bastian: Lernen durch Lehren, S. 9.

1.2. Bezug zu den Ausbildungsstandards

Die Planung, Durchführung und Evaluation dieser Unterrichtseinheit orientierte sich an den allgemeinen Ausbildungsstandards (AAS), welche für alle Lehrkräfte im Vorbereitungsdienst in Schleswig-Holstein gelten[5]. Viele der AAS spielen im Prinzip bei jeder Unterrichtseinheit eine wichtige Rolle[6]. Daher sollen hier nur einige hervorgehoben werden, die von besonderer Bedeutung für diese Einheit waren.

Die SuS erarbeiteten sich die einzelnen Lösungsverfahren für LGS selbständig in Kleingruppen und entwickelten ein Arbeitsblatt relativ frei mit nur wenigen Vorgaben von Seiten der Lehrkraft. Hierbei hatten sie auch die Möglichkeit, sich die Zeit frei einzuteilen und Arbeit mit in die unterrichtsfreie Zeit zu nehmen (AAS 5). Durch die Gestaltung des Arbeitsblattes, die Präsentation des eigenen Verfahrens in Kleingruppen, die Hilfeleistung bei Problemen und die Möglichkeit, selbst Hausaufgaben zu stellen, wurden die SuS aktiv in die Gestaltung des Unterrichtes miteinbezogen (AAS 6). Des Weiteren wurden die Expertengruppen soweit es möglich war leistungshomogen zusammengestellt, um den Schwierigkeitsgraden der einzelnen Lösungsverfahren gerecht zu werden. Auf diese Art und Weise wurden unterschiedliche Voraussetzungen und Kompetenzen der SuS berücksichtigt (AAS 7).

Die genannten Aspekte und der eigenverantwortliche Unterricht hatten zur Folge, dass die Lernkompetenzen (Sach-, Methoden-, Selbst- und Sozialkompetenz) der SuS gefördert und gefordert wurden (AAS4 und AAS 29)[7]. Zusätzlich trugen die SuS Verantwortung für den eigenen Lernprozess, indem ihnen bewusst war, dass sie sich nicht nur in den Expertengruppen ein Verfahren selbständig erarbeiten sollten, sondern in den Unterrichtsgruppen die anderen Mitglieder auf ihre Erklärungen angewiesen waren (AAS 30 und AAS 20)[8].

Neben den AAS wurden auch die fachspezifischen Ausbildungsstandards (FAS) berücksichtigt[9]. Bei der Planung der Unterrichtseinheit wurden die in den Bildungsstandards genannten Leitideen und Kompetenzen beachtet (FAS 1 und FAS 3). Zusätzlich führten die Vorbereitung von Übungsaufgaben und die Lehrtätigkeit der SuS dazu, dass die SuS dazu aufgefordert wurden, ihre Lösungswege und Ergebnisse von Aufgaben kritisch und verantwortungsbewusst zu reflektieren (FAS 5).

1.3. Leitfragen und Zielvorstellungen

Thematisch standen die rechnerischen Lösungsverfahren bei LGS im Mittelpunkt dieser Unterrichtseinheit. Die Bildungsstandards im Fach Mathematik für den Mittleren Schulabschluss wurden in den Zielvorstellungen berücksichtigt[10]. Am Ende der Einheit sollten die SuS die verschiedenen rechnerischen Lösungsverfahren für LGS kennen und anwenden können. Sie sollten auch aus einfachen inner- und außermathematischen Situationen LGS aufstellen und ihre Lösungsmenge im

---

[5] IQSH: Vorbereitungsdienst, S. 5-8.

[6] Z.B.: AAS1: Die Lehrkraft i.V. plant mittelfristig Unterricht unter Berücksichtigung der Lehrpläne, AAS 2: Die Lehrkraft i.V. plant Unterricht im Kontext von Unterrichtseinheiten, u.v.m.

[7] Durch die Methode LdL kann ein Zuwachs in den vier Lernkompetenzen erwartet werden. Vgl.: Mattes: Methoden, S. 19.

[8] Zur Übernahme der Verantwortung in einem Lehr-Lern-Arrangement durch die SuS und damit der Erwerb einer aktiven Haltung im didaktischen Arrangement siehe auch: Bastian: Lernen durch Lehren, S. 8.

[9] IQSH: Grundlagen, S. 24.

[10] Sekretariat der Ständigen Konferenz der Kultusminister: Bildungsstandards.

Zusammenhang interpretieren können. Damit stand die Entwicklung der inhaltsbezogenen Kompetenzen unter der „Leitidee 1: Zahl und Operationen" im Vordergrund. Gleichzeitig sollten aber auch die prozessbezogenen Kompetenzen „Mathematisch Argumentieren" (K1), „Mit symbolischen, formalen und technischen Elementen der Mathematik umgehen" (K5) und „Kommunizieren" (K6) gefördert werden.

Zur Erläuterung ihrer Verfahren mussten die SuS an einem Beispiel das Vorgehen beschreiben und begründen. Zusätzlich mussten sie bei Rückfragen jederzeit mathematisch argumentieren können (K1). Bei der Entwicklung des Arbeitsblattes, aber auch bei der Bearbeitung der Aufgaben der Mitschüler mussten sie mit Gleichungen arbeiten und die Lösungsverfahren anwenden können (K5). Vor allem die prozessbezogene Kompetenz „Kommunizieren" nahm in dieser Unterrichtseinheit eine entscheidende Rolle ein. Schließlich mussten die SuS in der Lage sein, ihre Lösungsverfahren zu erklären, aber auch die Erklärungen ihrer Mitschüler zu verstehen.

In der Fachliteratur wird immer wieder erwähnt, dass die von mir gewählte Methode LdL verschiedene Vorteile mit sich bringt. Hierzu gehören die stärkere Aktivierung der SuS und bessere Lernergebnisse dieser als im fremdgesteuerten (durch den Lehrer) Unterricht[11]. Vor allem liegt die Stärke von LdL im motivations-psychologischen Bereich. Die Möglichkeit, anderen SuS einen neuen Stoff zu vermitteln und zu erklären, ist eine besondere Herausforderung, die die SuS gerne annehmen[12]. Daraus ergab sich die folgende Hauptleitfrage, die im Rahmen der Unterrichtseinheit untersucht wurde:

→ **Wirkt sich die Methode LdL bei rechnerischen Lösungsverfahren bei Linearen Gleichungssystemen positiv auf die Motivation und das Verständnis der SuS aus?**

Direkt in diesem Zusammenhang sollten noch zwei Nebenleitfragen evaluiert werden, die sich aus der Hauptleitfrage ergaben oder von Interesse für weitere Überlegungen zur Gleichungslehre in der Schule waren[13]:

- **Welche Teilaspekte von LdL (selbständige Erarbeitung des Themas, Vorbereitung eines Arbeitsblattes, Lehren des Themas, Verständnis des durch die Mitschüler vermittelten Stoffes) spielen bei der Erarbeitung der rechnerischen Lösungsverfahren bei LGS eine Rolle?**
- **Welches Lösungsverfahren bei LGS wird aus welchen Gründen von den SuS bevorzugt?**

2.   Unterrichtspraxis

2.1. Planung der Unterrichtseinheit

Im folgenden Abschnitt wird die der Unterrichtseinheit zugrunde liegende Planung beschrieben. Dabei gehe ich auf unterrichtlichen Voraussetzungen und den Fachgegenstand ein. Das Konzept der Einheit wird mit Hilfe der didaktischen und methodischen Überlegungen und eines Verlaufsplanes vorgestellt.

---

[11] Vgl.: Graef/Preller: LdL, S. 10, Mattes: Methoden, S. 185 und Meyer: Merkmale, S. 83.
[12] Laumeyer: Lernen, S. 182.
[13] Vgl.: Abschnitt 2.1.3. dieser Arbeit.

2.1.1. Unterrichtliche Voraussetzungen

Die Klasse 8b setzt sich aus 19 Schülerinnen und 9 Schülern zusammen. Die Geschlechter sind relativ gleich über das Leistungsspektrum verteilt. Ich unterrichte die Klasse bereits im zweiten Schuljahr eigenverantwortlich im Fach Mathematik. Es handelt sich um eine stark heterogene Lerngruppe mit einer großen Leistungsspitze von sechs SuS, von denen drei zwar regelmäßig sehr gute schriftliche Leistungen bringen und gute Gruppenarbeitsergebnisse liefern, sich jedoch mit mündlichen Beiträgen zurückhalten. Die Leistungsspitze entwickelt auch oft eigene Lösungswege und fordert von Zeit zu Zeit etwas kompliziertere Aufgabenstellungen. Nur wenige SuS können sich an einzelnen Aufgaben „festbeißen". Der Großteil gibt schnell auf, wenn der Lösungsweg nicht sofort ersichtlich ist und probiert nur selten unterschiedliche Strategien aus. Daher haben die meisten SuS oft Probleme mit offenen Fragestellungen, bei denen das Vorgehen nicht sofort klar wird. In diesen Fällen nehmen viele SuS eine negative Einstellung zum Mathematikunterricht ein.

Ein Großteil der Klasse ist aber trotzdem regelmäßig am Unterrichtsgespräch beteiligt. Es existiert eine große Gruppe bestehend aus sieben SuS, die vor allem schriftlich regelmäßig mangelhafte Leistungen liefern. Zwei davon haben in allen Schulfächern große Schwierigkeiten und werden voraussichtlich in nächster Zeit die Schulform wechseln. Bei den übrigen hat sich gezeigt, dass vor allem in den mathematischen Grundlagen große Lücken vorliegen, die sie bereits aus der Unterstufe mitgebracht haben. Sie können zwar die neuen Themen nachvollziehen und ihre Note durch ihre ausreichende mündliche Beteiligung oft leicht verbessern, jedoch zeigt sich in den Klassenarbeiten, dass immer wieder die gleichen Schwierigkeiten auftauchen[14]. Verstärkt wird dieses Problem zusätzlich durch die oft fehlenden Hausaufgaben. Auf diese Probleme habe ich die SuS und ihre Eltern bereits mehrmals hingewiesen und auch extra Übungsaufgaben angeboten. Ich befürchte jedoch, dass die SuS vor allem jetzt in der Pubertät sich nicht die Zeit dafür nehmen.

Eine Klassengemeinschaft ist sehr stark ausgeprägt. Gruppenarbeiten sind in allen Konstellationen möglich, da fast jeder in den Gruppen seine Arbeit leistet und gut mitarbeitet. Trotzdem lässt sich feststellen, dass seit Beginn dieses Schuljahres die Aufmerksamkeit der Klasse deutlich nachgelassen hat. Auch in den anderen Fächern taucht dieses Phänomen auf, was sich sicherlich zu einem großen Teil auf das Alter der SuS zurückführen lässt. Im Mathematikunterricht konnte ich feststellen, dass die SuS einen Bezug zur Realität fordern und bei solchen Aufgaben konzentrierter arbeiten als bei innermathematischen Fragestellungen. Bei innermathematischen Aufgaben muss den SuS immer wieder klargemacht werden, welchen Nutzen sie davon haben, was sicherlich aus SuS-Sicht nachvollziehbar ist. Des Weiteren haben viele SuS Probleme beim Erläutern von mathematischen Prozessen und Lösungswegen, obwohl sie entsprechende Aufgaben richtig gelöst haben. Hier werden die Fachausdrücke oft fehlerhaft verwendet oder die SuS verzichten gänzlich auf diese.

---

[14] Eklatante Fehler tauchen beispielsweise im Rechnen mit Brüchen und mit rationalen Zahlen auf.

2.1.2. Vorstellung des Unterrichtsgegenstandes

Seien $a_{ij}, b_i \in \mathbb{R}$, $i, j \in \mathbb{N}_{\leq m}, n, m \in \mathbb{N}$. Ein Lineares Gleichungssystem lässt sich folgendermaßen darstellen:

$$x_1 a_{i1} + x_2 a_{i2} + x_3 a_{i3} + \cdots + x_n a_{in} = b_i, i = 1, \ldots, m \ [15].$$

Hier sollen jedoch nur LGS mit $a_{ij}, b_i \in \mathbb{Q}$, $i, j \in \mathbb{N}_{\leq 2}$ und in der folgenden Schreibweise betrachtet werden:

$$\left|\begin{matrix} a_{11}x_1 + a_{12}x_2 = b_1 \\ a_{21}x_1 + a_{22}x_2 = b_2 \end{matrix}\right| \ [16]$$

Jedes Zahlenpaar $(x_1 | x_2)$, dessen Zahlen die erste und gleichzeitig die zweite Gleichung des Gleichungssystems erfüllen, ist eine Lösung dieses Gleichungssystems. Solche LGS mit zwei Variablen haben keine, eine oder unendlich viele Lösungen.

Es gibt verschiedene Möglichkeiten, die Lösungsmenge eines solchen LGS zu bestimmen. Hierfür sind oft elementare Zeilenumformungen nötig. Zu den Zeilenumformungen gehören die Multiplikation einer Gleichung mit einer Zahl (außer der 0) und die Addition einer Zahl oder eines Terms auf beiden Seiten einer Gleichung. Damit wird zwar das LGS verändert, jedoch nicht die Lösungsmenge selbst[17].

Zu jeder linearen Gleichung gehört eine Gerade im Koordinatensystem, so dass sich durch das Zeichnen der beiden Graphen eine Lösung ablesen lässt (Graphisches Lösungsverfahren). Oft lassen sich damit aber nur Näherungswerte bestimmen. Rechnerische Lösungsverfahren liefern dagegen exakte Ergebnisse. So können beide Gleichungen durch elementare Zeilenumformungen nach einer gemeinsamen Variable (oder nach einem gemeinsamen Term) aufgelöst werden und durch Gleichsetzen in eine Gleichung mit einer Variablen umgeformt werden (Gleichsetzungsverfahren). Es ist auch möglich, nur eine Gleichung nach einer Variablen (oder nach einem Term) aufzulösen und in die andere Gleichung einzusetzen (Einsetzungsverfahren). In beiden Fällen entsteht eine Gleichung mit einer Variablen. Die dritte Möglichkeit ist, eine oder beide Gleichungen so umzuformen, dass die Koeffizienten einer Variablen in beiden Gleichungen Gegenzahlen voneinander sind. Durch Addition der Terme ergibt sich eine Gleichung mit nur einer Variablen (Additionsverfahren). Ziel der drei Verfahren ist es jeweils, aus zwei Gleichungen mit zwei Variablen, eine Gleichung mit einer Variablen zu erzeugen, ohne dass sich die Lösungsmenge ändert. Somit kann eine Variable direkt bestimmt werden und die zweite folgt durch Einsetzen der errechneten Variable in eine der beiden Gleichungen.

2.1.3. Didaktische Überlegungen und Entscheidungen

Der Lehrplan für die Sekundarstufe I der Gymnasien in Schleswig-Holstein schreibt für die Klassenstufe 8 das Thema Lineare Funktionen und Lineare Gleichungssysteme als siebenwöchige Unterrichtseinheit vor. Zu den verbindlichen Inhalten gehört das Lösen von LGS mit Hilfe von graphischen und rechnerischen Lösungsverfahren[18]. In den Fachanforderungen für das Fach Mathematik wird

---

[15] Weitere Darstellungsformen siehe: Klika u.a.: Mathematikunterricht, S. 34.

[16] Gleichungssysteme, die sich durch elementare Zeilenumformungen auf dieses Gleichungssystem zurückführen lassen, sind hier mit eingeschlossen.

[17] Vgl.: Klika u.a.: Mathematikunterricht, S. 35. Hier werden nur die Lösungsverfahren vorgestellt, die in einer 8. Klasse behandelt werden.

[18] Ministerium für Bildung: Lehrplan, S. 66.

konkretisiert, dass mindestens zwei der vier Lösungsverfahren (graphisches Verfahren, Einsetzungs-, Gleichsetzungs-, und Additionsverfahren) behandelt werden sollen[19]. Nach dem schulinternen Fachcurriculum der Fachschaft Mathematik an der Immanuel-Kant-Schule ist die Behandlung des graphischen, Einsetzungs- und Gleichsetzungsverfahrens verpflichtend.

Ich habe mich dafür entschieden, das Additionsverfahren aus verschiedenen Gründen nicht zu vernachlässigen. Zum einen bedient sich der Gaußsche Algorithmus, der in der Linearen Algebra in der Oberstufe und vor allem in den neueren Schulbüchern eine wichtige Rolle spielt, des Additionsverfahrens[20]. Spätestens zu diesem Zeitpunkt müssen die SuS das Prinzip hinter dem Additionsverfahren verstanden haben. Zum anderen bieten sich einige LGS direkt für die Anwendung eines Verfahrens an, ohne dass elementare Zeilenumformungen notwendig sind. Vor allem für die leistungsstärkeren SuS, die es in dieser Klasse in einer relativ großen Zahl gibt[21], ist das Erkennen, welches Verfahren den schnelleren Lösungsweg bietet, eine wichtige und von ihnen geforderte Fähigkeit. Nach Rücksprache in der Fachschaft habe ich zusätzlich festgestellt, dass bei LGS, bei denen kein Verfahren ohne Zeilenumformungen anwendbar ist, jeder Kollege seine eigenen Favoriten bei den Lösungsverfahren hat. Das Additionsverfahren wurde hierbei oft genannt. Daher möchte ich den SuS die Möglichkeit geben, ein Verfahren für sich selbst zu finden, mit welchem sie am besten zurechtkommen.

Die Behandlung von LGS und damit ihrer Lösungsverfahren ist von besonderer Bedeutung für die SuS für den folgenden Mathematikunterricht und für ihren Alltag. In der 8. Klassenstufe werden die Grundlagen für das Verständnis dieses „zentralen Mathematisierungsmusters"[22] gelegt. Mit der Hilfe von LGS können vielfältige innermathematische Probleme gelöst werden. So tauchen die Lösungsverfahren im Zusammenhang mit der Berechnung von Ebenen, Geraden und ihren Schnittgebilden in der Oberstufe auf. Außerdem kann bereits mit diesen einfachen Verfahren, und später mit dem Gaußschen Algorithmus, den SuS die Idee, die hinter einem Algorithmus steht, vermittelt werden. Die SuS führen systematisch Lösungsschritte durch und nähern sich damit einem Ziel. Des Weiteren wurde bereits im Rahmen dieser Unterrichtseinheit den SuS deutlich gemacht, dass sich außermathematische Situationen mit LGS modellieren und mit Hilfe der Lösungsverfahren lösen lassen, beispielsweise einfache Mischungsprobleme[23].

Die hier beschriebene Unterrichtseinheit zu den rechnerischen Lösungsverfahren war in eine große Einheit zum Thema LGS eingebettet. Den SuS waren die Linearen Funktionen und ihre Eigenschaften bereits bekannt und sie konnten Gleichungen mit einer Variablen lösen. Ausgehend von Anwendungsbeispielen, bei denen eine bestimmte Bedingung erfüllt werden musste, hatten die SuS Lineare Gleichungen der Form $ax + by = c$ kennengelernt. Sie stellten fest, dass jede Lösung der Gleichung ein Zahlenpaar ist und es in der innermathematischen Betrachtung unendlich viele Lösungen gibt. Die Möglichkeit, die Lösungen mit Hilfe einer Linearen Funktion darzustellen, wurde gemeinsam behandelt. Anhand von weiteren praktischen Beispielen aus dem Alltag wurde eine zweite Bedingung eingeführt, die ebenfalls erfüllt werden musste. Damit lernten die SuS LGS kennen. Sie stellten fest, dass jetzt zwei Gleichungen „gleichzeitig" gelöst werden mussten. Durch diese

---

[19] Ministerium für Bildung: Fachanforderungen, S. 10.

[20] Vgl.: Klika u.a.: Mathematikunterricht, S. 33-36 und S. 101.

[21] Siehe Abschnitt 2.1.1. dieser Arbeit.

[22] Vgl.: Klika u.a.: Mathematikunterricht, S. 57 f.

[23] Vgl.: Klika u.a.: Mathematikunterricht, S. 105-107 und S, 171-173.

anwendungsbezogene Vorgehensweise wurde den SuS klar, an welchen Stellen solche LGS auftauchen können und dass eine Bestimmung der Lösungen von Bedeutung ist[24]. Das graphische Lösungsverfahren konnten sie selber auf Grund der vorangehenden Stunden erarbeiten. Dabei stellten sie fest, dass durch das Zeichnen oft Ungenauigkeiten entstehen, vor allem dann, wenn die Lösungspaare keine ganzen Zahlen waren. Das Problem diente als Motivation zur Erarbeitung von exakten rechnerischen Lösungsverfahren.

Im Rahmen dieser Einheit erarbeiteten sich die SuS selbständig und kooperativ die drei Lösungsverfahren. Dabei standen die Verfahren immer im Mittelpunkt[25]. Nur vereinzelt wurde in diesem Durchgang wieder auf Modellierung von Realsituationen verwiesen. Vor allem in der letzten Übungsstunde wurden einfache Anwendungs-aufgaben problematisiert. In dieser Stunde konnten die SuS selbst das Verfahren wählen, mit dem sie die Übungsaufgaben lösen wollten bzw. bei dem sie noch Nachholbedarf sahen. Sie durften selbst entscheiden, ob sie alleine oder mit ihrem Sitznachbarn arbeiten wollten. Abgeschlossen wurde die Einheit mit einer Klassenarbeit, in der die SuS einerseits die drei Verfahren anwenden mussten, sich andererseits aber auch für ein Verfahren entscheiden durften. Im Anschluss folgte die Behandlung von Sonderfällen beim rechnerischen Lösen[26] und die Bearbeitung von komplexeren Modellierungsaufgaben.

2.1.4. Methodische Überlegungen und Entscheidungen

Ausgehend von der Lerngruppe sah ich im kooperativen Lernen eine gute Möglichkeit, die Leitfragen hinreichend zu beantworten und die selbstformulierten Zielvorstellungen und den Kompetenzzuwachs bei den SuS zu erreichen. In einer Studie konnten Johnson und Johnson 1990 empirisch nachweisen, dass die SuS beim kooperativen Lernen im Mathematikunterricht unter anderem eine positive Einstellung zur Mathematik und zum jeweiligen Lerngegenstand entwickelten. Sie bauten mehr Vertrauen auf, mathematisch zu denken und steigerten ihre Bereitschaft, unterschiedliche Lösungsstrategien auszuprobieren[27]. Zusätzlich wurde durch das kooperative Lernen die fachspezifische Ausdrucksweise geübt, da die SuS bei Diskussionen und Erklärungen notwendigerweise die Fachbegriffe nutzen mussten[28]. Damit wurden die Lerngruppe und die zu erwerbenden Kompetenzen bei der Entscheidung für das kooperative Lernen berücksichtigt.

Im Mittelpunkt der Unterrichtseinheit stand die Methode LdL. Durchgeführt wurde sie mit Hilfe eines Gruppenpuzzles, da dieses die Vorteile von LdL stärker nutzt als andere kooperative Lernformen[29]. Die SuS erarbeiteten sich in Expertengruppen in fast drei Schulstunden jeweils ein Verfahren, bereiteten ein Arbeitsblatt vor und stellten ihr Verfahren dann in jeweils einer Schulstunde in neu zusammengestellten Gruppen (Unterrichtsgruppen) vor. In den Unterrichtsgruppen war für jedes Verfahren nur ein Experte vorhanden. Auf diese Weise erhielt jeder SuS die Möglichkeit, in der

---

[24] Die Anwendungsbezogenheit ist für die SuS dieser Klasse für die Motivation unerlässlich. Vgl.: Abschnitt 2.1.1. dieser Arbeit.

[25] Durch Anwendung der Verfahren, wiederholender Arbeit mit Variablen, Termen und Gleichungen und dem Vergleich der Lösungsverfahren werden alle drei Anforderungsbereiche bei der prozessbezogenen Kompetenz „Mit symbolischen, formalen und technischen Elementen der Mathematik umgehen" abgedeckt. Vgl.: IQSH: Kompetenzorientierter Mathematikunterricht, S. 23.

[26] Die verschiedenen Fälle wurden bereits im Vorfeld graphisch betrachtet.

[27] Die Ergebnisse der Studie sind zusammengefasst in: Hepp/Miehe: Kooperatives Lernen, S. 4.

[28] Vgl.: Hepp/Miehe: Kooperatives Lernen, S. 4f.

[29] Barzel u.a.: Methoden, S. 101.

Unterrichtsgruppe sein Verfahren vorzustellen. Somit war sichergestellt, dass alle SuS in ihren Expertengruppen konzentriert arbeiteten, da ihre Mitschüler in den Unterrichtsgruppen auf ihre Erklärungen angewiesen waren.

Die wesentlichen Merkmale vom kooperativen Unterricht nach Hilbert Meyer wurden in der Planung berücksichtigt[30]. Die Gruppen bestanden aus drei SuS, bzw. in einer Gruppe aus vier SuS. Die Zusammensetzung erfolgte in leistungshomogenen Gruppen, da ich persönlich die Erarbeitung der drei Verfahren für unterschiedlich schwer erachtete. Die leistungsschwächeren SuS wurden Experten für das Einsetzungsverfahren und die leistungsstärkeren beschäftigten sich mit dem Additionsverfahren. Um ein konzentriertes Arbeiten zu ermöglichen, hatte ich dafür gesorgt, dass in jeder Schulstunde zwei benachbarte Räume zur Verfügung standen. Damit konnte für eine räumliche Entzerrung der sehr großen Lerngruppe gesorgt werden. In der ersten Stunde wurden den SuS die Unterrichtseinheit vorgestellt. Um den SuS den Verlauf und die Zielsetzung der Einheit transparent zu machen, erhielten sie zusätzlich ein Merkblatt mit den wichtigsten Informationen[31]. Außerdem wurden die SuS darauf hingewiesen, dass direkt im Anschluss an die Einheit eine Klassenarbeit folgen würde.

Die SuS arbeiteten zuerst in ihren Expertengruppen. Hier erhielten sie ein Arbeitsblatt, das sie zunächst alleine bearbeiten und dann in ihrer Expertengruppe besprechen sollten. Das Arbeitsblatt war von mir so konzipiert, dass an einem praktischen Beispiel das eigene Verfahren vorgestellt und zwei Beispielaufgaben mit einem Lösungsweg vorgegeben wurden. Darauf folgten sechs Übungsaufgaben, die auch zu Hause gelöst werden konnten. Mit diesen Informationen sollten die SuS ein eigenes Arbeitsblatt zu ihrem Verfahren entwickeln und in den folgenden Stunden in den Unterrichtsgruppen ihr Verfahren vorstellen. Jeweils in den letzten zehn Minuten einer Schulstunde in den Unterrichtsgruppen wurden im gemeinsamen Unterrichtsgespräch noch Probleme und Unklarheiten geklärt, die bei der Gruppenarbeit offen geblieben waren. Mit der Vorstellung in den Unterrichtsgruppen und der gemeinsamen Besprechung am Ende dieser Stunde, folgt die Konzeption der Unterrichtseinheit dem Think-Pair-Share-Konzept (Ich-Du-Wir). Eine rein lehrerzentrierte Bearbeitung der Lösungsverfahren hätte die aktiv-kommunikative Phase der einzelnen SuS stark verhindert und wurde daher in der Planung verworfen. Es wurde außerdem auf die Nutzung von LdL in der ursprünglichen Form nach Jean Pol Martin verzichtet, da das Planen und Durchführen einer Schulstunde durch SuS mehr Fähigkeiten voraussetzt. Zusätzlich wäre es dabei nicht möglich gewesen, alle SuS so aktiv miteinzubinden, wie es in der vorliegenden Form der Fall war.

2.1.5. Verlaufsplan

Im Folgenden wird der Verlaufsplan der Unterrichtseinheit in Tabellenform vorgestellt. Schwerpunktmäßig stand die Förderung der prozessbezogenen Kompetenzen „Mathematisch Argumentieren" (K1), „Mit symbolischen, formalen und technischen Elementen der Mathematik umgehen" (K5) und „Kommunizieren" (K6) im Mittelpunkt jeder Schulstunde. Die inhaltsbezogenen Kompetenzen, bestehend aus dem Aufstellen von LGS und dem Lösen von LGS mit verschiedenen Verfahren wurden durchgehend geschult und im Rahmen der Klassenarbeit abgeprüft.

---

[30] Zwei bis vier Gruppenmitglieder, die gleichberechtigt sind; wenig Kontrolle durch die Lehrkraft; selbständige Arbeit mithilfe vorbereiteter Materialien und nach abgesprochenen Regeln. Vgl.: Meyer: Unterricht, S. 82.

[31] Für eine erfolgreiche kooperative Gruppenarbeit müssen den SuS zu Beginn der Ablauf, die Anforderungen und die Zielsetzung erläutert werden. Vgl.: Hepp/Miehe: Kooperatives Lernen, S. 5f. und Mattes: Methoden, S. 83.

Stunde	Datum	Stundeninhalt	Unterrichtsform
1.	25.11.11	- Erläuterung der Unterrichtseinheit und ihrer Ziele und Erwartungen	UG[32]
		- Beginn der Arbeit in den neun *Expertengruppen* - Erste Auseinandersetzung mit der neuen Thematik	GA
2.+ 3.	29.11.11 01.12.11	- Arbeit in den *Expertengruppen* - Vorbereitung und Gestaltung eines Arbeitsblattes mit Übungsaufgaben - Abgabe Arbeitsblatt	GA
4.	02.12.11	- Vorstellung <u>Gleichsetzungsverfahren</u> in den *Unterrichtsgruppen*	GA
		- Gemeinsame Reflektion des Verfahrens und Klärung von Unklarheiten	UG
5.	05.12.11	- Vorstellung <u>Einsetzungsverfahren</u> in den *Unterrichtsgruppen*	GA
		- Gemeinsame Reflektion des Verfahrens und Klärung von Unklarheiten	UG
6.	08.12.11	- Vorstellung <u>Additionsverfahren</u> in den *Unterrichtsgruppen*	GA
		- Gemeinsame Reflektion des Verfahrens und Klärung von Unklarheiten	UG
7.	09.12.11	- Übungsaufgaben zu allen Verfahren und einfache Anwendungsaufgaben	EA/PA
8.+ 9.	12.12.11	- Evaluation durch Fragebogen und Klassenarbeit	EA

2.2. Ausgewählte Aspekte des Unterrichtsgeschehens

In diesem Abschnitt wird vorgestellt, wie die geplante Unterrichtseinheit in der Praxis umgesetzt wurde. Dabei werde ich mich nur auf die für die Beantwortung der Leitfragen und der erreichten Zielvorstellungen wesentlichen Gesichtspunkte konzentrieren. Die Phasen der Arbeit in Experten- und Unterrichtsgruppen werden einzeln betrachtet, da sich die von den SuS durchgeführten Handlungen voneinander unterschieden.

2.2.1. Arbeit in den Expertengruppen

Zu Beginn der untersuchten Unterrichtseinheit waren die SuS, für die das graphische Lösungsverfahren durch das Zeichnen zu zeitintensiv und auch oft zu ungenau war, daran interessiert, welche Möglichkeiten es noch gibt, die Lösungsmenge bei LGS zu bestimmen. Die Vorstellung des Vorgehens in den nächsten Wochen im Plenum und die Aufteilung der SuS in von mir zusammengestellte Gruppen machte die SuS neugierig auf das Thema. Nach der Verteilung der Arbeitsblätter machten sie sich in ihren Expertengruppen sofort an die Arbeit und mit Ausnahme von zwei Gruppen ließ sich über die drei Schulstunden hinweg eine konzentrierte Arbeitsweise bei den SuS feststellen. Besonders auffallend war die Arbeitseinstellung am Freitag in einer fünften Stunde, wo die SuS bisher immer sehr unaufmerksam und lebhaft gewesen waren. Hier war ein deutlicher Unterschied zum normalen Unterricht festzustellen. Die SuS halfen sich in den Expertengruppen gegenseitig und nur selten wurde ich als Lehrkraft zur Hilfe gerufen. Die SuS hatten die Verfahren relativ schnell verstanden und konnten die Übungsaufgaben bearbeiten. Die selbständige Erarbeitung der Verfahren und die Möglichkeit, in den Kleingruppen Probleme zu klären (kooperatives Lernen), schien die SuS stark zu motivieren.

---

[32] UG ≈ Unterrichtsgespräch, GA ≈ Gruppenarbeit, EA ≈ Einzelarbeit, PA ≈ Partnerarbeit.

Des Weiteren schien die Entwicklung eines eigenen Arbeitsblattes den SuS viel Spaß zu machen. Sie lieferten viele kreative Ideen, indem sie beispielsweise eigene Anwendungsbeispiele entwickelten und/oder die Lösungen von Übungsaufgaben in ausmalbaren Feldern versteckten, die nach Fertigstellung ein Bild ergaben. Einige Arbeitsblätter wurden sogar zu Hause am PC angefertigt. Es wurde sehr deutlich, dass die SuS hier sehr motiviert waren. Sie hatten ihre Verfahren verstanden und waren in der Lage, eigene Musteraufgaben mit Musterlösungen herzustellen. Zwar waren die SuS vor allem extrinsisch motiviert, da ihnen bekannt war, dass die Arbeitsblätter bewertet werden würden, doch stellte ich beim Herumgehen fest, dass für viele SuS die Verständlichkeit der eigenen Erklärungen sehr wichtig war. Obwohl die Arbeitsblätter einige formelle Fehler aufwiesen, waren sie im Großen und Ganzen sehr gelungen, fachlich richtig und für eine Erarbeitung der einzelnen Verfahren geeignet[33]. Der Zuwachs aller gewünschten Kompetenzen wurde hier deutlich.
Zwei Gruppen, beide für das Einsetzungsverfahren zuständig, fielen allerdings negativ auf. Hier waren die SuS oft abgelenkt und mussten im Gegensatz zu den anderen Gruppen immer wieder zur konzentrierten Arbeitsweise ermahnt werden. Außerdem waren die entwickelten Arbeitsblätter dieser beiden Gruppen sehr lieblos gestaltet und enthielten viele fachliche Fehler. Beispielsweise wiesen die Musterlösungen Fehler bei den Umformungen der Gleichungen auf. Hier schien die Motivation weniger vorhanden zu sein und themenbezogene Diskussionen fanden nur selten statt. Die Arbeitsweise dieser beiden Gruppen ließ sich vermutlich mit ihrer Zusammensetzung erklären, da sie mit den leistungsschwächeren SuS besetzt waren.

2.2.2.Arbeit in den Unterrichtsgruppen

Die Vorstellung der einzelnen Verfahren in den neu von mir gemischten Unterrichtsgruppen erfolgte in jeweils einer Stunde. Dabei hatten die SuS ca. 35 Minuten Zeit sich in den Gruppen mit den erstellten Arbeitsblättern zu beschäftigen. Direkt zu Beginn war mir eine Aussage einer Schülerin aufgefallen, die ich hier zitieren möchte: „*Es ist cool, Lehrer zu sein*". Und tatsächlich hatte ich das Gefühl, dass es den SuS Spaß machte, das neue Verfahren mit Hilfe des Arbeitsblattes zu erklären. In allen Gruppen konnte ich intensive Diskussionen und eine konzentrierte Arbeitsweise wahrnehmen (prozessbezogene Kompetenz „Kommunizieren"), vor allem in der ersten Stunde, als das Gleichsetzungsverfahren vorgestellt wurde, und in der letzten Stunde, als das Additionsverfahren im Mittelpunkt stand. Ich stellte fest, dass die SuS nach der Erklärung durch den Experten sehr selbständig das Arbeitsblatt bearbeiteten. Damit fiel die Lehr-Tätigkeit des Experten schnell in den Hintergrund und oft schien er sich zu langweilen. Das lässt sich sicherlich auch auf die guten Arbeitsblätter zurückführen, die wenig Fragen offen ließen. Die SuS schienen motivierter zu sein, die von den Mitschülern gestellten Aufgaben zu bearbeiten, als die Aufgaben im Schulalltag. Nur selten wurde bei der Bearbeitung der Aufgaben die Hilfe des Experten in Anspruch genommen. Nur beim Additionsverfahren war der Experte relativ oft gefragt, da sich das Verfahren von den anderen beiden in der Durchführung wesentlich unterscheidet. Hier stellte ein Schüler nach der Erklärung durch den Experten richtig fest, dass „*man ja auch Minusrechnen könnte*". Dieser Kommentar zeigte ein tieferes Verständnis für die Idee hinter dem Verfahren und einen Erfolg im kommunikativen Prozess (prozessbezogene Kompetenz „Mathematisch argumentieren").

---

[33] Ein beispielhaft gelungenes (Additionsverfahren) und weniger gelungenes Arbeitsblatt (Einsetzungs-verfahren) siehe Anhang IV.

Außerdem konnte ich bei dieser Arbeitsform feststellen, dass die SuS schnell die Verfahren verstanden und bei Schwierigkeiten zuerst den Experten fragten (prozessbezogene Kompetenz „Kommunizieren"). Zwei wesentliche Probleme sind in dieser Phase aufgetreten. Zum einen mussten sich die Experten ihre Arbeitsblätter vor dem Erklären noch einmal anschauen, da sie das Endprodukt teilweise noch nicht gesehen, nur einen Teil davon entworfen hatten oder die Erarbeitung einige Zeit zuvor erfolgt war. Allerdings hatte das auch den Vorteil, dass sie sich während des Erklärens ein weiteres Mal intensiv mit ihrem Thema auseinandersetzen mussten. Zum anderen waren die SuS in der Stunde, als das Einsetzungsverfahren erläutert wurde, insgesamt weniger konzentriert bei der Arbeit, als in den übrigen Stunden. Das hing sicherlich mit den schwächeren Arbeitsblättern zusammen, die viele Verständnisschwierigkeiten hervorriefen, aber auch mit der relativ schlechten Vorbereitung der Experten.

Die Besprechung am Ende der einzelnen Stunden zeigte, dass die SuS die Verfahren inhaltlich verstanden hatten (inhaltsbezogene Kompetenz „Lösungsverfahren kennen und LGS lösen können") und nur zum Aufschrieb die meisten Nachfragen hatten. Nur beim Einsetzungsverfahren blieben einige Unklarheiten, die geklärt werden mussten. Im Plenum konnte dabei auch der Unterschied zwischen dem Gleichsetzungs- und Einsetzungsverfahren problematisiert werden. Es zeigte sich aber, dass das Verständnis für alle Verfahren vorhanden war. Da einige SuS bereits alle Aufgaben von den Arbeitsblättern gelöst hatten, erhielten sie von mir weitere Aufgaben als Hausaufgabe. Die übrigen konnten die Aufgaben vom Arbeitsblatt fortsetzen. In den ersten Minuten der nächsten Stunde wurden diese Aufgaben in den Expertengruppen besprochen, bevor das neue Verfahren erklärt wurde.

3. Evaluation und persönliches Resümee

Gemäß AAS 14 und 25 evaluiert die Lehrkraft „den eigenen Unterricht systematisch unter Einbeziehung der Lernenden" und zieht daraus Konsequenzen für die weitere Arbeit[34]. Daher werde ich im folgenden Abschnitt die durchgeführte Unterrichtseinheit rückblickend betrachten, auswerten und zu einem persönlichen Fazit über die gelungenen und zu verbessernden Bausteine der Unterrichtseinheit kommen.

3.1. Evaluationsverfahren

Zur Beantwortung der Leitfragen und um die erreichten Zielvorstellungen zu überprüfen, verwende ich verschiedene Verfahren der Evaluation. Durch die sehr selbständige Arbeit der SuS hatte ich eine gute Möglichkeit und viel Zeit, den Arbeitsprozess im Ganzen, einzelne Gruppen oder ausgesuchte SuS zu beobachten. Durch die vielen Gruppenarbeitsphasen konnte ich von Gruppe zu Gruppe gehen und bei allen SuS bei der Arbeit die Förderung der prozessbezogenen Kompetenzen („Mathematisch Argumentieren" (K1), „Mit symbolischen, formalen und technischen Elementen der Mathematik umgehen" (K5) und „Kommunizieren") verfolgen. Durch die große Anzahl der SuS und die Trennung der Gruppe auf zwei Räume, reichte dieses Evaluationsverfahren jedoch nicht aus. Problematisch war außerdem, dass die Gruppen, die sich beobachtet fühlten, in ihrer Arbeit deutlich beeinflusst und teilweise gestört wurden. Ein selbständiger kooperativer Prozess konnte in diesem

---

[34] IQSH: Vorbereitungsdienst, S. 7. Gleichzeitig wird durch die Evaluation festgestellt, welche Meinung die SuS zur Unterrichtseinheit haben (eigene Planung), wie sich die Leitfragen beantworten lassen (Erkenntnisgewinn) und inwiefern die Zielvorstellungen erreicht wurden (Rechenschaftslegung). Vgl.: Leuders: Qualität, S. 31f.

Fall nur sehr beschränkt stattfinden. So wurde ich bei der Beobachtung einzelner Gruppen oft angesprochen und um Hilfe gebeten. Sobald sich die SuS nicht beobachtet fühlten, konnten sie entsprechende Probleme schnell selbst lösen. Trotzdem lieferten die Beobachtungen einige interessante Ergebnisse im Hinblick auf die Leitfragen und die Zielvorstellungen[35].

Zur hinreichenden Beantwortung der Leitfragen dienten ein personalisierter Fragebogen nach der Expertengruppenarbeit, ein anonymer Fragebogen am Ende der Einheit und anschließend eine Klassenarbeit. Der personalisierte Fragebogen diente in erster Linie einer Selbstbewertung der SuS ihrer Leistungen in der ersten Gruppenarbeitsphase (Expertengruppen). Sie bewerteten sich selbst und ihre Gruppenmitglieder positiv (+), neutral (o) oder negativ (-) in einzelnen Kategorien (z.B.: Konzentrierte Arbeit an den Aufgaben; Gute Zusammenarbeit mit den Gruppenmitgliedern u.v.m.)[36]. Da die SuS beim Fragebogen ihren Namen angeben mussten, ist die Aussagekraft der Ergebnisse vorsichtig zu beurteilen. Ein Verzicht auf den Namen war hier nicht möglich, da eine eindeutige Zuordnung für die Leistungsbewertung gegeben sein musste. Bisherige Selbsteinschätzungen der SuS in dieser Klasse hatten gezeigt, dass sie diese Art der Bewertung nicht gewohnt waren und ihre Leistungen eher zu positiv einschätzten[37].

Ein wichtiges Evaluationsverfahren war der anonyme Fragebogen am Ende der Unterrichtseinheit[38]. In diesem mussten die SuS nach der Angabe ihres Geschlechts und ihres „Expertenverfahrens" ihre Meinung zu bestimmten Aussagen mit Hilfe der Ankreuzmöglichkeiten „stimmt voll" und „stimmt größtenteils" (im Folgenden als Zustimmung gewertet) oder „stimmt kaum" und „stimmt nicht" (im Folgenden als Ablehnung gewertet) kundtun. Die Aussagen hatten die zu untersuchenden Themen der Hauptleitfrage zum Inhalt (Aussagen 1 bis 3: Motivation, Aussagen 4 bis 6 und 10: Verständnis). Zusätzlich wurde mit dem Fragebogen abgefragt, ob die SuS die Erklärungen in den Unterrichtsgruppen verstanden hatten und welches Lösungsverfahren sie aus welchen Gründen bevorzugen würden. Die gerade Anzahl der Ankreuzmöglichkeiten hatte zur Folge, dass ein Ankreuzen in der „Mitte" nicht möglich war und eine Zustimmung bzw. Ablehnung der Aussage erkennbar wurde. Der Fragebogen wurde von 27 SuS bearbeitet, von denen jedoch einer durch mehrfaches Setzen von Kreuzen bei einer Frage in mehreren Zeilen ungültig war. Die anonyme Befragung lieferte ein ehrlicheres Bild, das die SuS von der Unterrichtseinheit hatten, als ein personalisierter Fragebogen. Somit hatte die Evaluation eine hohe Aussagekraft für die Fragestellung. Für die Durchführung der deskriptiven Statistik wurde IBM SPSS Statistics 20 eingesetzt. Die Erstellung der Graphiken erfolgte mit Hilfe von Microsoft Excel 2010.

Das dritte Evaluationsverfahren, die Klassenarbeit am Ende der Unterrichtseinheit, diente vor allem der Überprüfung des Verständnisses der SuS für die Lösungsverfahren[39]. Daher mussten zwingend alle drei Lösungsverfahren abgefragt werden. In einem Aufgabenteil konnte sich die SuS bei zwei LGS für jeweils ein Verfahren entscheiden. Dabei wurden die Aufgaben mit Absicht von mir so gewählt, dass kein Verfahren ohne elementare Zeilenumformungen angewandt werden konnte. Damit war es für mich möglich, das favorisierte Verfahren der SuS auch in der Anwendung festzustellen. Bei der letzten Aufgabe sollten die SuS ein LGS zu

---

[35] Zu den Beobachtungen während des Arbeitsprozesses siehe Abschnitt 2.2. dieser Arbeit.

[36] Siehe Anhang II. Der Fragebogen orientiert sich an der Kopiervorlage aus Paradies u.a.: Leistungsmessung, S. 167.

[37] Vor allem bei den leistungsstärkeren SuS ist eher das Gegenteil der Fall.

[38] Siehe Anhang I.

[39] Siehe Anhang III.

einem Anwendungsbeispiel erstellen und, als Zusatzaufgabe, mit einem beliebigen Verfahren lösen. So konnte ich zusätzlich die prozessbezogene Kompetenz „Mathematisch Modellieren" zumindest für ein einfaches Beispiel überprüfen. Sitznachbarn erhielten verschiedene Klassenarbeiten, die gleich aufgebaut waren, jedoch unterschiedliche Aufgaben mit ähnlichem Schwierigkeitsgrad enthielten. Somit musste jeder SuS eine individuelle Leistung erbringen und der Zuwachs an Wissen und Können zum Themenbereich der LGS (inhaltsbezogene Kompetenzen zur Leitidee „Zahl und Operation") ließ sich gut überprüfen. Folglich ließ sich die Aussagekraft der Ergebnisse der Klassenarbeit sehr hoch einschätzen.

3.2. Evaluationsergebnisse

Im folgenden Abschnitt werden die Evaluationsergebnisse vorgestellt und ausgewertet, die für die Beantwortung der Leitfragen und über das Erreichen der formulierten Zielvorstellungen von Interesse sind. Dabei werde ich die Evaluationsbögen und die Klassenarbeit getrennt betrachten, da sie sich als Rückmeldeverfahren stark voneinander unterscheiden. Die Evaluationsergebnisse liefern keine allgemeingültigen Aussagen zu der Methode LdL, sondern beantworten die Leitfragen nur im Hinblick auf die untersuchte Lerngruppe. Bei anderen Lerngruppen, die im Rahmen dieser Hausarbeit nicht untersucht werden konnten, sind gegensätzliche Ergebnisse möglich.

3.2.1. Ergebnisse und Auswertung der Evaluationsbögen

Der personalisierte Fragebogen zur Selbstbewertung bei der Expertengruppenarbeit soll hier nur kurz thematisiert werden. Insgesamt gesehen bewerteten die SuS ihre eigene Arbeit und die der Gruppenmitglieder überwiegend positiv oder neutral. Dieses Ergebnis bestätigte den Eindruck von der guten Klassengemeinschaft, in der alle Konstellationen beim kooperativen Lernen möglich sind[40]. Außerdem kann auf Grund der positiven Bewertungen davon ausgegangen werden, dass die Erarbeitung der einzelnen Verfahren den SuS Spaß gemacht hat und sie motiviert mitgearbeitet haben. Eine Gruppe fiel jedoch bei der Selbstbewertung auf. Die Gruppenmitglieder einer Expertengruppe für das Einsetzungsverfahren bewerteten die eigene Arbeit und die der anderen Mitglieder eher negativ. Besonders deutlich zu sehen waren die negativen Bemerkungen beim Punkt „Ließ sich nicht ablenken". Diese selbstkritische Sichtweise der SuS deckte sich mit meinen eigenen Beobachtungen. Auch bei anderen Punkten tauchten im Gegensatz zu den anderen Gruppen eine Reihe von negativen Bewertungen auf, sowohl bei der Selbst- als auch Fremdbewertung. Eine Schülerin, die zum Halbjahr die Schule und Schulform wechseln wird, erhielt von ihren Gruppenmitgliedern die meisten negativen Bewertungen (z.B. für „Nutzte die Zeit sinnvoll und themenbezogen"). Diese negative Haltung der Schülerin zum Unterricht, die mir bereits in früheren Stunden aufgefallen war, beeinflusste die gesamte Gruppe negativ. Damit schien in dieser Expertengruppe das kooperative Lernen nur zum Teil erfolgreich verlaufen zu sein. Hinzu kam, dass in der Gruppe insgesamt eher die leistungsschwächeren SuS waren, die diese Störquelle gerne zur eigenen Ablenkung nutzten.

Mit Hilfe der Evaluation dieser Unterrichtseinheit sollten die Auswirkungen der Methode LdL auf die Motivation und das Verständnis der SuS untersucht werden. Der erste Punkt des anonymen Fragebogens am Ende der Unterrichtseinheit ging ganz konkret auf die Motivation ein. Die SuS sollten zu der Aussage „Die

---

[40] Vgl.: Abschnitt 2.1.1. dieser Arbeit.

selbständige Arbeit in den Kleingruppen hat mir besser gefallen als der lehrergeleitete Unterricht und mich dadurch stärker motiviert, mich intensiver mit den rechnerischen Lösungsverfahren zu beschäftigen" Stellung nehmen. Dieser Aussage stimmten 20 SuS (76,9 %) zu, wobei vor allem die Schülerinnen stärker motiviert waren (83,3 %). Aber auch der Anteil der Schüler, die dieser Aussage zustimmten, lag mit 62,5 % über der Hälfte (Abb. 1)[41]. Dieser leichte geschlechtsspezifische Unterschied kann unter anderem dadurch erklärt werden, dass Mädchen grundsätzlich lieber in einer Gemeinschaft arbeiten und kommunizieren[42]. Die Aussicht, den Mitschülern das eigene Verfahren zu erklären, ein wesentliches Element von LdL, motivierte 80,8 % der SuS. Hier war zu beobachten, dass die Schüler mit 87,5 % minimal stärker motiviert waren als die Schülerinnen (77,8 %)[43]. Damit wird deutlich, dass die Möglichkeit, den Lehrprozess mitzugestalten, eine stark motivierende Wirkung auf alle SuS hatte. Die Hauptleitfrage lässt sich in Bezug auf die Motivation klar mit einem „Ja" beantworten.

Zu der Nebenleitfrage, welche Teilaspekte der Gruppenarbeit mehr Auswirkungen auf die Motivation hatten, lässt sich keine eindeutige Aussage treffen. Hierfür sind die Unterschiede unter den Teilaspekten zu gering. Man kann jedoch sagen, dass alle Aspekte (selbständige Arbeit in Kleingruppen, Möglichkeit den Mitschülern etwas beizubringen, Erstellung eines Arbeitsblattes) für die Mehrheit der SuS motivierend waren.

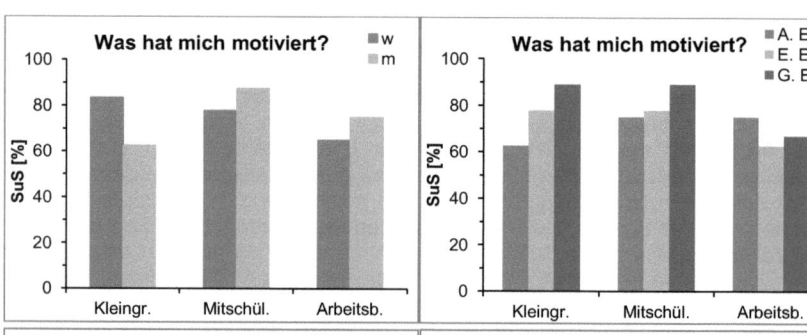

Abbildung 1: Motivation der SuS durch die Teilaspekte (selbst. Arbeit in Kleingruppen; Möglichkeit, den SuS etwas beizubringen; Erstellung eines Arbeitsblattes) in Abhängigkeit vom Geschlecht.

Abbildung 2: Motivation der SuS durch die Teilaspekte (selbst. Arbeit in Kleingruppen; Möglichkeit, den SuS etwas beizubringen; Erstellung eines Arbeitsblattes) in Abhängigkeit vom „Expertenverfahren".

Besonders interessante Ergebnisse lieferte die Untersuchung der Auswirkungen von LdL auf die Motivation der SuS in Abhängigkeit vom eigenen erarbeiteten Verfahren (Abb. 2). Hier wird deutlich, dass zwar immerhin 62,5 % der Experten für das Additionsverfahren durch die selbständige Arbeit in den Kleingruppen stärker motiviert waren, deren Anteil aber leicht geringer war, als bei den anderen Expertengruppen (77,8 % und 88,9 %)[44]. Über die Gründe können nur Vermutungen

---

[41] Allerdings lag zwischen Geschlecht und der Motivation durch die Kleingruppenarbeit keine statistisch signifikante Abhängigkeit vor (Exakter Fisher-Test: p=0,330).

[42] Unterstützt wird diese Vermutung durch Untersuchungen, in denen festgestellt wurde, dass Mädchen beim mathematischen Aufgabenlösen länger überlegen und die Aufgabenstruktur als Ganzes erfassen wollen, was in einer Gruppe besser möglich ist. Die Jungs dagegen versuchen eher durch Ausprobieren ans Ziel zu kommen. Vgl.: Effe-Stumpf: Mädchen und Jungen im Mathematikunterricht, S. 4.

[43] Keine statistisch signifikante Abhängigkeit (Exakter Fisher-Test: p>0,999).

[44] Exakter Fisher-Test: p=0,448.

aufgestellt werden. Sehr wahrscheinlich spielte die Zusammensetzung der Expertengruppen hierbei eine Rolle. Für das Additionsverfahren waren vor allem die leistungsstärkeren SuS zuständig. Im Gegensatz zu den anderen Expertengruppen fühlte sich hier ein geringerer Anteil stärker durch die Kleingruppenarbeit motiviert. Möglicherweise ist es für die leistungsstärkeren SuS weniger wichtig, ob sie in Kleingruppen oder anderen Zusammensetzungen arbeiten, da sie generell eine höhere Motivation für die Mitarbeit im Mathematikunterricht zeigen. Die eigenständige Erstellung eines Arbeitsblattes jedoch motivierte insbesondere die leistungsstärkeren SuS zusätzlich. Ein möglicher Grund hierfür könnte sein, dass die Erstellung eines Arbeitsblattes einen höheren Anspruch an die SuS stellte und alle drei Anforderungsbereiche der mathematischen Kompetenzen tangiert wurden. Vor allem die leistungsstärkeren SuS fühlten sich herausgefordert und gingen motivierter an diese Aufgabe heran. Trotzdem lässt sich auch hier zusammenfassend feststellen, dass in allen Expertengruppen deutlich mehr als die Hälfte der SuS durch LdL stark motiviert wurde.

Der anonyme Fragebogen lieferte für eine Untersuchung der Auswirkungen der Methode LdL auf das Verständnis der SuS ebenfalls interessante und wichtige Ergebnisse. So lautete die zehnte Aussage des Fragebogens, zu der sich die SuS äußern sollten: „Die Arbeit in den Experten- und Unterrichtsgruppen hat mir geholfen, das Thema besser zu verstehen als der herkömmliche Unterricht." Dieser Aussage stimmten 19 SuS zu (73,1 %), neun davon gaben der Aussage sogar volle Zustimmung. Betrachtet man die Zustimmung abhängig vom Geschlecht, fällt auf, dass bei mehr Schülerinnen die Methode stärker zum Verständnis beigetragen hat als der herkömmliche Unterricht (77,8 % gegenüber 62,5 % bei den Schülern, Abb. 3)[45]. Auch hier liegt die Erklärung für die leichten geschlechtsspezifischen Unterschiede sicher in der Möglichkeit kooperativ zu arbeiten, was vor allem von Mädchen gerne genutzt wurde und damit auch hilfreich für ihr Verständnis war. Bestätigt wurde diese Vermutung durch die Aussage „Durch das Erklären meines Lösungsverfahrens in den Unterrichtsgruppen hat sich mein Verständnis für mein Verfahren noch weiter vergrößert.", der 72,2 % der Schülerinnen zustimmten, aber nur 50 % der Schüler[46]. Das Erklären des eigenen Verfahrens macht einen wesentlichen Anteil von LdL aus und dient zu einem großen Teil auch dem eigenen Verständnis. Bei dieser Lerngruppe zeigte sich aber, dass nur jeder zweite Schüler davon profitierte, während bei den Schülerinnen mehr waren.

Stark auffallend war der hohe Anteil an Schülern (87,5 %), die in der Erstellung des Arbeitsblattes ein wesentliches Merkmal zur Förderung des eigenen Verständnisses sahen. Die Erstellung des Arbeitsblattes ist eine relativ komplexe Tätigkeit[47] und könnte auch unabhängig von der Methode LdL durchgeführt werden. Trotzdem ist hierbei eine kooperative Arbeitsweise der SuS notwendig und es scheint, dass hier anteilsmäßig etwas mehr Schüler von diesem Teilaspekt der Methode profitierten[48]. Insgesamt lässt sich feststellen, dass die Methode LdL bei deutlich mehr als der Hälfte der SuS zur Förderung des Verständnisses beitrug. Vor allem bei den Schülerinnen spielte der wichtige Teilaspekt von LdL, die eigene Lehrtätigkeit, eine wichtige Rolle für das Anwachsen des eigenen Verständnisses.

---

[45] Keine statistisch signifikante Abhängigkeit (Exakter Fisher-Test: p=0,635).

[46] Keine statistisch signifikante Abhängigkeit (Exakter Fisher-Test: p=0,382).

[47] Bei der Erstellung des Arbeitsblattes mussten die SuS viele Punkte bedenken. So mussten sie die Verfahren vollständig verstanden haben, Übungsaufgaben mit Lösungen in verschiedenen Schwierigkeitsgraden zusammenstellen und das Arbeitsblatt äußerlich gestalten. Hier waren verschiedenste Kompetenzen der SuS gefragt.

[48] Keine statistisch signifikante Abhängigkeit (Exakter Fisher-Test: p=0,624).

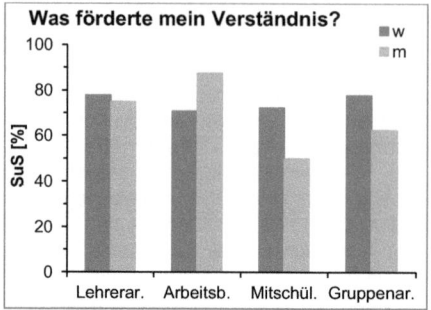
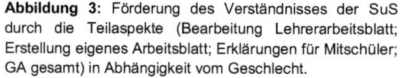

Abbildung 3: Förderung des Verständnisses der SuS durch die Teilaspekte (Bearbeitung Lehrerarbeitsblatt; Erstellung eigenes Arbeitsblatt; Erklärungen für Mitschüler; GA gesamt) in Abhängigkeit vom Geschlecht.

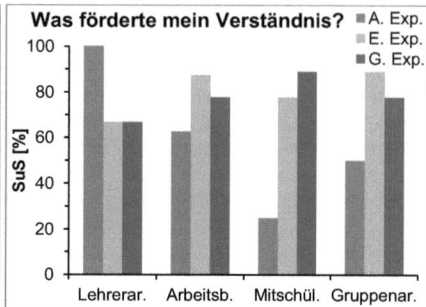

Abbildung 4: Förderung des Verständnisses der SuS durch die Teilaspekte (Bearbeitung Lehrerarbeitsblatt; Erstellung eigenes Arbeitsblatt; Erklärungen für Mitschüler; GA gesamt) in Abhängigkeit vom „Expertenverfahren".

Wie bereits zuvor lieferte die Betrachtung der Auswirkungen von LdL auf das eigene Verständnis der SuS in Abhängigkeit vom eigenen erarbeiteten Verfahren besonders interessante Ergebnisse (Abb. 4). Auffällig war die Tatsache, dass alle acht Experten des Additionsverfahrens der Aussage zustimmten, dass die Bearbeitung des vom Lehrer vorgegebenen Arbeitsblattes, in dem das Verfahren vorgestellt worden war, das eigene Verständnis förderte (sechs davon stimmten der Aussage sogar voll zu). Der Anteil der Zustimmung bei den anderen Experten betrug jeweils 66,7 %[49]. Der Aussage, ob das Erklären des Verfahrens in den Unterrichtsgruppen zum Verständnis beigetragen hat, stimmten nur 25 % der „Additionsexperten" zu, während es bei den anderen Experten deutlich mehr waren (77,8 % bzw. 88,9 %)[50]. Bei der Auswertung dieser Ergebnisse spielte erneut die Zusammensetzung der Gruppen eine wichtige Rolle. Für die leistungsstärkeren „Additionsexperten" schien das vom Lehrer vorgegebene Arbeitsblatt für das eigene Verständnis ausreichend zu sein. Sie benötigten keine weiteren Arbeitsschritte mehr, um ihr Verfahren zu durchdringen und anzuwenden, was mit ihrer generell guten Leistungsfähigkeit im Mathematikunterricht zusammenhing. Damit brachte den meisten „Additions-experten" die Lehrtätigkeit keinen weiteren Fortschritt zum Verständnis. Bei einigen der eher durchschnittlichen und leistungsschwächeren SuS schien das vom Lehrer vorgegebene Arbeitsblatt für das vollständige Verständnis nicht ausgereicht zu haben, was aber möglicherweise durch die eigene Arbeitsblatterstellung und die Lehrtätigkeit kompensiert werden konnte. Es lässt sich zusammenfassen, dass ein größerer Anteil der durchschnittlichen und leistungsschwächeren SuS in dieser Klasse von LdL im Hinblick aufs Verständnis profitierte, als es bei den leistungsstärkeren der Fall war.

Im Hinblick auf die Nebenleitfrage wurden die SuS danach gefragt, welches Verfahren sie nutzen würden, wenn sie nur eins zur Auswahl hätten. Dabei mussten sie eine erste und zweite Wahl treffen, um zu vermeiden, dass die SuS nur ihr eigenes erarbeitetes Verfahren nannten. Es zeigte sich eine gewisse Tendenz, bei der die SuS das Additions- und Gleichsetzungsverfahren relativ gleich bevorzugten (Abb. 5). Bei der ersten Wahl lag das Additionsverfahren mit 46,2 % knapp vor dem

---

[49] Keine statistisch signifikante Abhängigkeit (Exakter Fisher-Test: p=0,212).

[50] Es lag eine statistisch signifikante Abhängigkeit zwischen der Zugehörigkeit zu einer Expertengruppe und der Förderung des Verständnisses durch die eigene Lehrtätigkeit vor (Exakter Fisher-Test: p=0,029).

Gleichsetzungsverfahren mit 38,5 %[51]. Wurden die erste und zweite Wahl zusammen betrachtet, konnte keine statistisch signifikante Abhängigkeit zwischen dem Geschlecht und der Verfahrenswahl nachgewiesen werden (Abb. 6)[52].

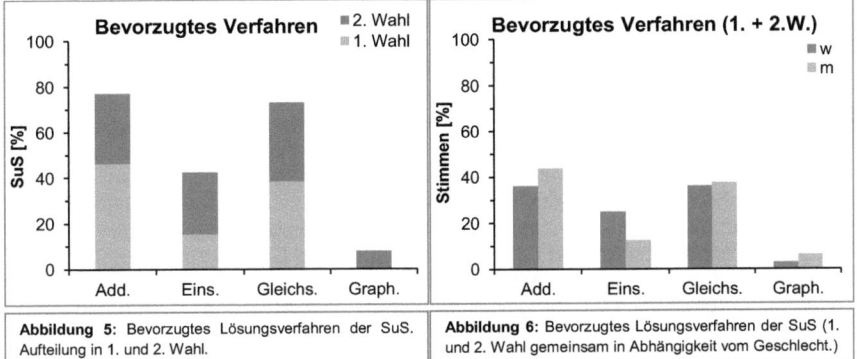

Abbildung 5: Bevorzugtes Lösungsverfahren der SuS. Aufteilung in 1. und 2. Wahl.

Abbildung 6: Bevorzugtes Lösungsverfahren der SuS (1. und 2. Wahl gemeinsam in Abhängigkeit vom Geschlecht.)

Die geringe Akzeptanz für das Einsetzungsverfahren lässt sich möglicherweise mit den leistungsschwächeren Experten erklären, die ihren Mitschülern ihr Verfahren nicht verständlich genug vermitteln konnten. Verstärkt wird diese Vermutung durch die Tatsache, dass das Einsetzungsverfahren fast ausschließlich von den eigenen Experten favorisiert wurde, während die anderen rechnerischen Lösungsverfahren von allen Experten ähnlich stark bevorzugt wurden (Abb. 7)[53]. Meine eigenen Beobachtungen und die erarbeiteten Arbeitsblätter bestätigten diese Vermutung zusätzlich. Der Verzicht auf das Einsetzungsverfahren lässt sich vielleicht auch didaktisch erklären. Beim Einsetzen von Termen verzichteten viele SuS oft auf eine Klammer, was beispielsweise beim Ersetzen von „–x" fatal sein konnte. Des Weiteren könnte es sein, dass das Ausmultiplizieren, das beim Einsetzungsverfahren oft gemacht werden muss, bei einigen SuS zu Angst vor möglichen Fehler führt. Auf Grund der potentiellen Fehlerquellen verzichteten die SuS möglicherweise eher auf das Einsetzungsverfahren.

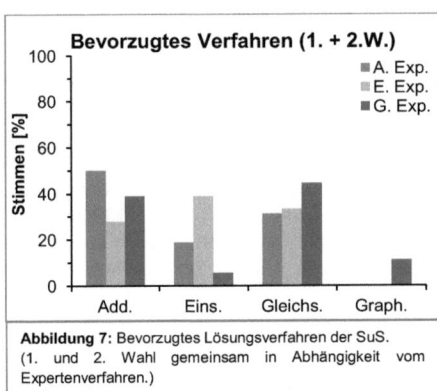

Abbildung 7: Bevorzugtes Lösungsverfahren der SuS. (1. und 2. Wahl gemeinsam in Abhängigkeit vom Expertenverfahren.)

---

[51] Für das Additionsverfahren in der 1. Wahl stimmten nur zwei SuS mehr als für das Gleichsetzungsverfahren.
[52] Exakter Fisher-Test: p=0,682.
[53] Keine statistisch signifikante Abhängigkeit (Exakter Fisher-Test: p=0,150).

18

Als Begründung für die eigene Wahl soll stellvertretend für viele SuS das folgende Zitat eines Schülers stehen[54]: *„Es ist mein Thema mit dem ich mich am meisten mit beschäftigt habe".* Diese Antwort war neben *„Da ich das am leichtesten finde und auch am besten verstehe"* zu erwarten und wurde auch am häufigsten genannt. Die meisten SuS konnten ihre Wahl nicht mathematisch begründen. Es gab jedoch auch differenziertere Begründungen wie die der folgenden Schülerin: *„Ich würde je nachdem was die Aufgabe ist immer wieder neu entscheiden was am schnellsten geht, da ich alle Verfahren gleich gut verstanden habe."* Es wird deutlich, dass diese Schülerin die Vor- und Nachteile der verschiedenen Verfahren erkannt hatte und sich nicht auf ein Verfahren festlegen wollte, sondern in Abhängigkeit von dem LGS entscheiden wollte. Die prozessbezogene Kompetenz „Mit symbolischen, formalen und technischen Elementen der Mathematik umgehen" im Anforderungsbereich III war bei dieser Schülerin sehr stark ausgeprägt. Auch die Begründung eines Schülers für das Additionsverfahren, *„Es ist, nachdem man die Gegenzahlen bestimmt hat, einfach aufzulösen."*, zeigt ein gutes Verständnis für die Vorgehensweise bei diesem Verfahren (prozessbezogene Kompetenz „Mathematisch Argumentieren", Anforderungsbereich III)[55].

3.2.2. Ergebnisse und Auswertung der Klassenarbeit

Die Klassenarbeit diente in erster Linie der Überprüfung der inhaltsbezogenen Kompetenzen Lösungsverfahren kennen und LGS lösen. Bei den prozessbezogenen Kompetenzen stand vor allem die fünfte im Vordergrund: „Mit symbolischen, formalen und technischen Elementen der Mathematik umgehen". Das Ergebnis der Klassenarbeit scheint auf den ersten Blick zu überraschen (Tabelle 1). Die sehr starke Häufung bei der sehr guten und guten Bewertung ist nicht zu übersehen. Aber auch eine relativ hohe Anzahl von mangelhaften Leistungen ist erkennbar (immerhin 21 % der SuS). Demgegenüber lieferten nur jeweils ein SuS eine befriedigende oder ausreichende Leistung. Die Punkteverteilung auf die einzelnen SuS entsprach ihrer ungefähren Leistungsfähigkeit, die sich in der Expertengruppenzusammensetzung widerspiegelte[56]. Der Notendurchschnitt lag bei 2,36.

Note	1	2	3	4	5	6
Anzahl der SuS	11	9	1	1	6	0

Tabelle 1: Klassenspiegel der Klassenarbeit vom 12.12.2011.

Während der Korrektur fiel mir auf, dass mit Ausnahme einer Schülerin alle SuS die drei Lösungsverfahren kannten und auch wussten, wie sie anzuwenden waren. Damit wurde eine Zielvorstellung, nämlich die Förderung der inhaltsbezogenen Kompetenz „Verfahren kennen und LGS lösen", bei den meisten SuS erreicht. Fünf SuS zeigten jedoch, bei der prozessbezogenen Kompetenz „Mit symbolischen, formalen und technischen Elementen der Mathematik umgehen" große Schwierigkeiten. Immer wieder machten sie Fehler bei den elementaren Zeilenumformungen, blieben daran hängen und kamen nicht dazu, alle Aufgaben zu

---

[54] Die Zitate wurden wörtlich übernommen und können Rechtschreib- und Zeichensetzungsfehler enthalten.

[55] Vgl.: IQSH: Kompetenzorientierter Mathematikunterricht, S. 23.

[56] Von 40 (44 durch eine Zusatzaufgabe) erreichbaren Punkten, erhielten die „Additionsexperten" im Schnitt 35,8, die „Gleichsetzungsexperten" 33,4 und die „Einsetzungsexperten" 26,5. Einer der „Gleichsetzungs-experten" erhielt eine 5, während es bei den „Einsetzungsexperten" fünf 5 gab.

lösen[57]. Diese Probleme zeigten sie bereits vor der Unterrichtseinheit und in diesem Bereich schien keine Entwicklung stattgefunden zu haben. Der Aufbau der Klassenarbeit, der ein Beherrschen der grundlegenden Schritte voraussetzte, gab den SuS keine Möglichkeit, diese Fehler zu kompensieren. Das theoretische Wissen über die Funktionsweise der Lösungsverfahren reichte nicht aus, um mindestens eine ausreichende Bewertung zu erhalten. Eine Schülerin schien sich nur mit einem Verfahren beschäftigt zu haben, weil sie die anderen nicht anwenden konnte. Aber auch bei ihrem Verfahren unterliefen ihr die gleichen Fehler wie bei den fünf genannten SuS. Neben den grundlegenden Fehlern wirkte sich in der Klassenarbeit die bereits beschriebene unkonzentrierte Arbeitsweise dieser SuS vor allem in den Expertengruppen aus.

Erfreulicher ist die Leistung der 20 SuS (71 %), die eine gute bis sehr gute Leistung lieferten. Hier wurde sehr deutlich, dass die SuS die Verfahren verstanden hatten und anwenden konnten, so dass die Förderung der gewünschten Kompetenzen erreicht wurde. Auch die SuS, die leistungsmäßig eher das Mittelfeld bilden, konnten hier gute Leistungen liefern. Bezugnehmend auf die erste Aufgabe der Klassenarbeit, bei der die SuS ein vorgegebenes Verfahren nutzen mussten, lässt sich feststellen, dass beim Gleichsetzungsverfahren die wenigsten Fehler gemacht wurden. Es waren sechs Punkte zu erreichen und im Schnitt erhielten die SuS für diese Aufgabe 5,2 Punkte (Additionsverfahren: 4,8 Punkte, Einsetzungsverfahren: 4,4 Punkte). Das deckt sich mit der Wahl des favorisierten Verfahrens im anonymen Fragebogen.

Im Hinblick auf die Hauptleitfrage kann also festgehalten werden, dass die Methode LdL zwar zum Verständnis der Verfahren für die meisten SuS beitrug, sie jedoch nicht ausreichte, um fehlendes Wissen nachzuarbeiten. Die kooperative Arbeitsform scheint die Fehler einzelner schwächerer SuS zu kompensieren, die jedoch bei der Einzelarbeit weiterhin auftauchten. Hier sind vor allem die SuS selbst gefragt, auch zu Hause diese Lücken zu füllen. Hierfür schrieb ich den SuS einen längeren Kommentar mit der Note unter die Klassenarbeit, in welchen Bereichen sie noch große Schwierigkeiten hatten. Außerdem erhielten diese SuS von mir zusätzliche Aufgaben, die sie selbstständig zu Hause zum Nacharbeiten nutzen sollen.

Bei zwei Aufgaben mussten die SuS selbst entscheiden, welches Verfahren sie gerne nutzen möchten. Hier wurde nochmals das Ergebnis der anonymen Umfrage bestätigt. So entschieden sich die SuS in 59 % der Fälle für das Additions-, 28 % für das Gleichsetzungs- und 13 % für das Einsetzungsverfahren. Die hohe Dominanz des Additionsverfahrens lässt sich möglicherweise damit erklären, dass dieses zuletzt vorgestellt worden war und den SuS am meisten präsent war. Natürlich spielten dabei auch die Experten, bestehend aus den leistungsstärkeren SuS, eine wesentliche Rolle, die das Verfahren gut rüberbringen konnten. Die seltene Wahl des Einsetzungsverfahrens wurde bereits an anderer Stelle erörtert[58].

3.3. Schlussfolgerungen und persönliches Resümee

Ein guter Mathematikunterricht mit einem nachweisbaren Zuwachs an mathematischen Kompetenzen kann nur dann stattfinden, wenn kommunikative Prozesse einen Schwerpunkt im Unterrichtsalltag bilden. In der hier beschriebenen Unterrichtseinheit kamen diese Prozesse verstärkt zur Anwendung. Diese Feststellung möchte ich mit den Zitaten von zwei Schülerinnen stützen, die sich im Fragebogen zur ganzen Unterrichtseinheit geäußert haben: *„Positiv war, das es von*

---

[57] Das Umformen der Gleichungen scheint diesen SuS noch große Probleme zu bereiten. Hinzu kommt, dass sie immer wieder Fehler beim Rechnen mit rationalen Zahlen machen.

[58] Vgl.: Abschnitt 3.2.1. dieser Arbeit.

Schülern erklärt worden ist und die das so erklären wie sie es selbst am besten verstehen." und *„Ich fand es eigentlich gut, dass wir uns das Thema sozusagen selbst erschließen mussten, weil man deswegen mehr dafür gelernt hat als sonst.*" Damit fassen die beiden Schülerinnen meine eigenen Schlussfolgerungen im Wesentlichen zusammen. Bei der durchgeführten Unterrichtseinheit stellte ich mit Hilfe der Evaluation fest, dass die Methode LdL bei den allermeisten SuS in dieser Klasse sich sowohl positiv auf die Motivation als auch auf das Verständnis ausgewirkt hat. Zwar fühlten sich vor allem die leistungsstärkeren SuS durch die Methode nicht in ihrer Motivation oder ihrem Verständnis zusätzlich gefördert, doch waren negative Auswirkungen bei ihnen ebenfalls nicht sichtbar. Die meisten SuS hatten viel Spaß an der Arbeit, arbeiteten sehr selbständig und haben einen sehr starken Zuwachs in allen gewünschten Kompetenzen erreicht. Die Methode schien der Lerngruppe angemessen zu sein. Gleichzeitig wurden die SuS sehr stark in den Unterrichtsprozess miteingebunden.

Vor der Durchführung der Einheit erforderte die Planung und die Entwicklung von Arbeitsblättern, die ein ganz eigenständiges Erarbeiten möglich machen sollten, viel Zeit. In der Arbeitsphase der SuS wandelte sich meine Rolle vom Lehrer zum Moderator. Ich hatte die Möglichkeit und Zeit, die einzelnen Gruppen in ihrer Arbeit zu beobachten und ihnen gegebenenfalls Hilfestellung zu leisten. Damit zahlte sich die lange Vorbereitungszeit im Unterricht ganz klar aus.

Rückblickend betrachtet wäre bei der Durchführung der Unterrichtseinheit zu überlegen, ob die Expertengruppen nicht mehr leistungshomogen zusammengesetzt werden sollten. Die Verfahren schienen sich im Schwierigkeitsgrad nicht so stark voneinander zu unterscheiden wie im Vorfeld angenommen. Außerdem hat sich gezeigt, dass die homogene Zusammensetzung der Gruppen ein apathisches Arbeitsverhalten bei einigen leistungsschwächeren SuS verursacht hat und sie sich durch die selbständige Arbeitsweise sehr stark ablenken ließen. Möglicherweise hätte eine leistungsheterogene Zusammensetzung die Problematik gemildert. Damit wäre der starke Einfluss der Arbeitsweise der Expertengruppen auf die Wahl des favorisierten Verfahrens geringer und die Beantwortung der Nebenleitfrage objektiver ausgefallen. Um zu vermeiden, dass sich die leistungsschwächeren SuS in den Expertengruppen zurücklehnen und nur die anderen Gruppenmitglieder arbeiten lassen, müsste eine stärkere Beobachtung durch die Lehrkraft erfolgen. Es wäre dabei zu überlegen, ob der Arbeitsauftrag so umgestaltet würde, dass die Arbeit zwischen den SuS aufgeteilt werden müsste. Denkbar wäre beispielsweise eine direkte Aufteilung der SuS für die Erarbeitung des eigenen Arbeitsblattes durch die Lehrkraft. Damit könnten die leistungsschwächeren SuS einfachere Aufgaben lösen und zusammenstellen und die leistungsstärkeren die schwierigen. Das würde allerdings zu Lasten des selbständigen Arbeitsprozesses gehen, der jedoch einen Schwerpunkt in meinem Unterricht bildet.

Bei der vorgenommenen Zusammensetzung muss die Frage nach dem bevorzugten Lösungsverfahren relativ offen bleiben. Es lässt sich aber feststellen, dass es keine Tendenz für ein Verfahren gibt, was deutlich bevorzugt wurde und jeder SuS das für ihn günstigste ausgewählt hat. Daher würde ich mich bei einer Bearbeitung der Thematik mit einer anderen Klasse erneut dafür entscheiden, alle drei rechnerischen Lösungsverfahren zu thematisieren. Im Hinblick auf die Teilaspekte von LdL in der durchgeführten Form (selbständige Erarbeitung des Themas, Vorbereitung eines Arbeitsblattes, Lehren des Themas, Verständnis des durch die Mitschüler vermittelten Stoffes) wurde deutlich, dass jedes davon einzelne SuS in ihrer Motivation und ihrem Verständnis gefördert und gefordert hat. Damit konnte für alle SuS ein abwechslungsreicher Unterricht geschaffen werden.

Im Gruppenpuzzle sehe ich eine gute Möglichkeit, kooperative Lernformen in den Unterricht miteinzubinden. Diese Methode werde ich neben anderen gezielt nutzen, um auch weiterhin von den vielen Vorteilen profitieren zu können. Vor allem muss ich aber dafür sorgen, dass die leistungsschwachen SuS, deren Probleme in der Klassenarbeit deutlich sichtbar wurden, zusätzliche Förderung erhalten. Wiederholungsaufgaben, die diese SuS zu Hause selbständig anfertigen und kontrollieren sollen, sind ein Mittel, dass ich ihnen zum Nacharbeiten bereits gegeben habe und auch weiterhin zur Verfügung stellen werde. Zusätzlich sollen diese SuS noch stärker in den Unterrichtsprozess eingebunden und ihnen klare Arbeitsanweisungen, auch in selbständigen Arbeitsphasen, gegeben werden. Ich werde es mir vorbehalten, das LdL-Prinzip auszuweiten und die leistungsschwächeren SuS mehr in die Verantwortung zu nehmen, indem sie kleine Unterrichtssequenzen in einem neuen Themenbereich gestalten sollen. Vielleicht hilft das diesen SuS und sie entwickeln wieder mehr Interesse und Verständnis für den Mathematikunterricht.

Grundlegende geschlechtsspezifische Unterschiede konnten im Rahmen der Unterrichtseinheit nicht gefunden werden, so dass sich die Methode LdL für die ganze Klasse eignet. Durch diese Feststellung und die bereits genannten Ergebnisse, komme ich zu dem Fazit, dass sich die Wahl der Methode für diese Klasse als sehr erfolgreich erwiesen hat und auch andere Klassen von ihren Vorteilen profitieren könnten. Auf Grund der Vorteile sehe ich für mein zweites Unterrichtsfach, Geschichte, viele Möglichkeiten, die Methode LdL, in der ursprünglichen Form vor allem in der Oberstufe, anzuwenden. Es ist eine gute Alternative zu der im Geschichtsunterricht vorherrschenden selbstständigen Arbeit der SuS in Form von Referaten.

4. Quellenverzeichnis

4.1. Literatur

- Barzel, Bärbel / Büchter, Andreas / Leuders, Timo: Mathematik Methodik. Handbuch für die Sekundarstufe I und II, Berlin 2007.
- Bastian, Johannes: Schülerinnen und Schüler als Lehrende – Oder: Lernen durch Lehren. In: Pädagogik 11/1997, S. 6-10.
- Effe-Stumpf, Gertrud: Mädchen und Jungen im Mathematikunterricht. In: mathematik lehren 71/1995, S. 4-7.
- Graef, Roland / Preller, Rolf-Dieter (Hrsg.): LdL – Lernen durch Lehren, Rimbach 1994.
- Hepp, Ralph / Miehe, Kirsten: Kooperatives Lernen. In: mathematik lehren 139/2006, S. 4-7.
- Institut für Qualitätsentwicklung an Schulen Schleswig-Holstein (Hrsg.): Der Vorbereitungsdienst in Schleswig-Holstein. Ausbildung. Prüfung, Kiel 2009.
- Institut für Qualitätsentwicklung an Schulen Schleswig-Holstein (Hrsg.): Grundlagen zur Ausbildung. Ausbildungsstandards, Ergänzungen für Fächer und Fachrichtungen, Themen der Module. Erprobungsfassung, Kronshagen 2004.
- Institut für Qualitätsentwicklung an Schulen Schleswig-Holstein (Hrsg.): Kompetenzorientierter Mathematikunterricht. Anregungen für die Arbeit mit den Bildungsstandards zum Hauptschulabschluss und mittleren Abschluss (Sekundarstufe I), Kronshagen 2006.
- Klika, Manfred / Tietze, Uwe-Peter / Wolpers, Hans (Hrsg.): Mathematikunterricht in der Sekundarstufe II, Band 2, Didaktik der Analytischen Geometrie und Linearen Algebra, Braunschweig 2000.
- Laumeyer, Ulrike: Lernen durch Lehren – Schüler halten Unterricht. In: Mathematischer und Naturwissenschaftlicher Unterricht 3/2000, S. 179-183.
- Leuders, Timo: Qualität im Mathematikunterricht der Sekundarstufe I und II, Berlin 2001.
- Mattes, Wolfgang: Methoden für den Unterricht. Kompakte Übersichten für Lehrende und Lernende, Paderborn 2011.
- Meyer, Hilbert: Was ist guter Unterricht? Berlin 2004.
- Meyerhöfer, Helmut: Überlegungen zur Methode Lernen durch Lehren im Mathematikunterricht. In: Graef, Roland / Preller, Rolf-Dieter (Hrsg.): LdL – Lernen durch Lehren, Rimbach 1994, S. 170f.
- Ministerium für Bildung und Kultur (Hrsg.): Fachanforderungen Mathematik, Gymnasium Sekundarstufe I, Kiel 2011.
- Ministerium für Bildung, Wissenschaft, Forschung und Kultur des Landes Schleswig-Holstein (Hrsg.): Lehrplan für die Sekundarstufe I der weiterführenden allgemeinbildenden Schulen, Kiel 1997.
- Paradies, Liane / Wester, Franz / Greving, Johannes: Leistungsmessung und -bewertung, Berlin 2005.
- Sekretariat der Ständigen Konferenz der Kultusminister der Länder in der Bundesrepublik Deutschland (Hrsg.): Bildungsstandards im Fach Mathematik für den Mittleren Schulabschluss. Beschluss vom 4.12.2003, München 2004.

4.2. Lehrbücher und Aufgabensammlungen

- Baum, Manfred u.a.: Lambacher Schweizer 8, Mathematik für Gymnasien, Schleswig-Holstein, Stuttgart 2010.
- Griesel, Heinz / Postel, Helmut / Suhr, Friedrich (Hrsg.): Elemente der Mathematik 8, Schleswig-Holstein, Braunschweig 2010.
- Lergenmüller, Arno / Schmidt, Günter (Hrsg.): Mathematik Neue Wege 8, Arbeitsbuch für Gymnasien, Braunschweig 2008.
- Schmidt, Hans J.: Lernzirkel: Gleichungen 1. Grades mit zwei Variablen, Hallbergmoos 2010.

5. Anhang

I. Anonymer Fragebogen

Rückmeldung zur Unterrichtseinheit „Lösen von Linearen Gleichungssystemen"

Bitte lies die Aussagen langsam und konzentriert durch. Für jede Aussage sollst du nur ein Kreuz in ein Kästchen setzen. Kreuze zwischen zwei Kästchen sind nicht zugelassen. Sei bei der Bearbeitung ehrlich. Die Rückmeldung ist anonym.

Ich bin: männlich ☐ weiblich ☐

Ich war Experte für das ...-verfahren Additions- ☐ Einsetzungs- ☐ Gleichsetzungs- ☐

1. Die selbstständige Arbeit in den Kleingruppen hat mir besser gefallen als der lehrergeleitete Unterricht und mich dadurch stärker motiviert, mich intensiver mit den rechnerischen Lösungsverfahren zu beschäftigen.
Stimmt voll ☐ Stimmt großenteils ☐ Stimmt kaum ☐ Stimmt nicht ☐

2. Die Aussicht, meinen Mitschülern ein Verfahren zu erklären, dass diese noch nicht kannten, hat mich motiviert, mich intensiver mit meinem Lösungsverfahren zu beschäftigen.
Stimmt voll ☐ Stimmt großenteils ☐ Stimmt kaum ☐ Stimmt nicht ☐

3. Die Erstellung eines Arbeitsblattes in den Unterrichtsgruppen hat mich stärker motiviert, mich mit meinem Lösungsverfahren zu beschäftigen, als nur das Lösen von Übungsaufgaben.
Stimmt voll ☐ Stimmt großenteils ☐ Stimmt kaum ☐ Stimmt nicht ☐

4. Die Bearbeitung des vom Lehrer vorgegebenen Arbeitsblattes in meiner Expertengruppe hat dazu geführt, dass ich mein Lösungsverfahren vollständig verstanden habe.
Stimmt voll ☐ Stimmt großenteils ☐ Stimmt kaum ☐ Stimmt nicht ☐

5. Die gemeinsame Entwicklung eines Arbeitsblattes in meiner Expertengruppe für die anderen Schülerinnen und Schüler hat mein Verständnis für mein Lösungsverfahren vergrößert.
Stimmt voll ☐ Stimmt großenteils ☐ Stimmt kaum ☐ Stimmt nicht ☐

6. Durch das Erklären meines Lösungsverfahrens in den Unterrichtsgruppen hat sich mein Verständnis für mein Verfahren noch weiter vergrößert.
Stimmt voll ☐ Stimmt großenteils ☐ Stimmt kaum ☐ Stimmt nicht ☐

7. Die anderen Schülerinnen und Schüler aus meiner Unterrichtsgruppe haben meine Erklärungen verstanden und konnten das, von meiner Expertengruppe ausgearbeitete Arbeitsblatt problemlos bearbeiten.
Stimmt voll ☐ Stimmt großenteils ☐ Stimmt kaum ☐ Stimmt nicht ☐

8. Kreuze nur die Antwortmöglichkeiten an, die nicht dein eigenes Lösungsverfahren betreffen:
• Die Erklärungen meiner Mitschüler in den Unterrichtsgruppen zum Additionsverfahren habe ich vollständig verstanden.
Stimmt voll ☐ Stimmt großenteils ☐ Stimmt kaum ☐ Stimmt nicht ☐
• Die Erklärungen meiner Mitschüler in den Unterrichtsgruppen zum Einsetzungsverfahren habe ich vollständig verstanden.
Stimmt voll ☐ Stimmt großenteils ☐ Stimmt kaum ☐ Stimmt nicht ☐
• Die Erklärungen meiner Mitschüler in den Unterrichtsgruppen zum Gleichsetzungsverfahren habe ich vollständig verstanden.
Stimmt voll ☐ Stimmt großenteils ☐ Stimmt kaum ☐ Stimmt nicht ☐

9. Kreuze nur die Antwortmöglichkeiten an, die nicht dein eigenes Lösungsverfahren betreffen:
• Ich konnte das Arbeitsblatt meiner Mitschüler zum Additionsverfahren lösen.
Stimmt voll ☐ Stimmt großenteils ☐ Stimmt kaum ☐ Stimmt nicht ☐
• Ich konnte das Arbeitsblatt meiner Mitschüler zum Einsetzungsverfahren lösen.
Stimmt voll ☐ Stimmt großenteils ☐ Stimmt kaum ☐ Stimmt nicht ☐
• Ich konnte das Arbeitsblatt meiner Mitschüler zum Gleichsetzungsverfahren lösen.
Stimmt voll ☐ Stimmt großenteils ☐ Stimmt kaum ☐ Stimmt nicht ☐

10. Die Arbeit in den Experten- und Unterrichtsgruppen hat mit geholfen, das Thema besser zu verstehen als der herkömmliche Unterricht.
Stimmt voll ☐ Stimmt großenteils ☐ Stimmt kaum ☐ Stimmt nicht ☐

11. Welches Lösungsverfahren würdest du bevorzugt nutzen, wenn du dir nur eins aussuchen darfst?
Additionsverfahren ☐ Einsetzungsverfahren ☐
Gleichsetzungsverfahren ☐ Graphisches Verfahren ☐
• Warum? Begründe deine Wahl.

12. Welches Lösungsverfahren würdest du bevorzugt nutzen, wenn du dir ein zweites aussuchen darfst?
Additionsverfahren ☐ Einsetzungsverfahren ☐
Gleichsetzungsverfahren ☐ Graphisches Verfahren ☐
• Warum? Begründe deine Wahl.

13. Was möchtest du noch zur Unterrichtseinheit „Lösen von Linearen Gleichungssystemen" anmerken?
Positiv:

Negativ:

II. Personalisierter Fragebogen

Bewertung Gruppenarbeit in Expertengruppen

Bitte bewerte dich selbst und deine beiden Gruppenmitglieder (bitte schreib die Namen hin) mit +, o, -. in den einzelnen Gebieten. Sei bitte ehrlich!

MEIN NAME:

GRUPPENMITGLIED A:

GRUPPENMITGLIED B:

	ICH	Gruppenmitglied A	Gruppenmitglied B
Arbeitete konzentriert an den Aufgaben			
Nutzte die Zeit sinnvoll und themenbezogen			
War in der Lage, den Arbeitsanweisungen zu folgen			
Forderte bei Bedarf Hilfe vom Lehrer oder von den Mitschülern ein			
Arbeitete gut mit den anderen Gruppenmitgliedern zusammen			
Besprach mit den anderen die Aufgaben.			
War bereit, Arbeitsaufgaben zu übernehmen			
Forderte alle zur Mitarbeit auf			
Ließ anderen die Zeit nachzudenken			
Ließ die anderen ausreden			
Nahm Rücksicht auf andere und bot Hilfe an			
Arbeitete ruhig, ohne die anderen zu stören			
Ließ sich nicht ablenken			

III. Klassenarbeit

Schuljahr 2011/2012   Klasse 8b   12.12.2011

Name: ....   Mathematikarbeit Nr. 2 (A)

(Hinweis: Auf den Arbeitszettel darf geschrieben werden! Nebenrechnungen bitte im Heft. Deine Rechenschritte sollen nachvollziehbar und komplett sein. Benutze nur deinen Füller. Bleistift ist nur bei Zeichnungen zugelassen. Vergiss am Ende nie die Probe.)

Aufgabe 1:

1. Löse die folgenden Linearen Gleichungssysteme mit dem vorgegebenen Verfahren und gib die Lösungsmenge an.
2. Begründe bei jeder Aufgabe, warum das Verfahren geeigneter ist als die anderen Verfahren.

a) $\begin{vmatrix} 2y = 6x - 14 \\ 2y = -4x + 6 \end{vmatrix}$ Gleichsetzungsverfahren

b) $\begin{vmatrix} -5y + x = -5 \\ y = 0,5 + 0,25x \end{vmatrix}$ Einsetzungsverfahren

c) $\begin{vmatrix} 4x - 5y = 13 \\ 4x + 5y = 3 \end{vmatrix}$ Additionsverfahren

[18 P.]

Aufgabe 2:

Löse die folgenden Linearen Gleichungssysteme mit einem Verfahren deiner Wahl und gib die Lösungsmenge an.

a) $\begin{vmatrix} 2x + 3y = -9 \\ 4x - 8y = 52 \end{vmatrix}$

b) $\begin{vmatrix} 4x + 3y = 8 \\ 3x + 2y = 11 \end{vmatrix}$

[18 P.]

Aufgabe 3:

Nach einer Sage von Homer kämpften die Griechen gegen die Zentauren (Mischwesen aus Pferd mit Menschenkopf). Im Gefecht waren insgesamt 420 Köpfe und 1040 Beine.

1. Stelle ein passendes LGS auf, mit dem die Anzahl der Zentauren und Menschen berechnet werden kann.
2. Welches Lösungsverfahren würdest du nutzen? Begründe!

(Du sollst das LGS nicht lösen !!!!)

[4 P.]

Zusatzaufgabe

(nur für Schnelle: Bearbeite diese nur, wenn du mit allen anderen Aufgaben fertig bist!)

Bestimme die Anzahl der Menschen und Zentauren in Aufgabe 3.

[Gesamt: 40 P.]

Viel Erfolg !!!

25

Das Additionsverfahren

Wenn man die Lösungsmenge einer Gleichung rechnerisch ermitteln möchte, kann man dies mit dem Additionsverfahren machen:

$\begin{vmatrix} x + y = 25 \\ x - y = 5 \end{vmatrix}$
Als erstes die Ausgangsgleichungen

$(x + y) + (x - y) = 25 + 5$
Jetzt addiert man beide Seiten der Gleichungen

$2x = 30 \mid :2$
$x = 15$
So entsteht eine neue Gleichung mit nur einer Variablen. Diese wird dann gelöst.

$x = 15$
Schon hat man den Wert für die Variable x errechnet.

Nun setzt man x in die erste oder zweite Ausgangsgleichung ein und löst diese.

$15 + y = 25 \mid -15$
$y = 10$

Dann ergibt sich die Lösungsmenge.

$L = \{(15/10)\}$
Als letztes führt man die Probe durch!

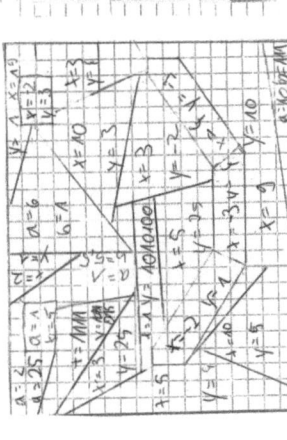

Bitte durchrechnen und malt die richtigen Lösungen an!
Sonderregel siehe Rückseite

Bei dem Additionsverfahren muss immer eine der beiden Variablen wegfallen, damit man die Gleichung lösen kann. Bei einigen Fällen muss man zuerst erweitert um die Gleichung auszurechnen.

Bspl: $\begin{vmatrix} 4x + 4y = 26 \mid \cdot 3 \\ 3x + 5y = 4 \mid \cdot (-4) \end{vmatrix} \rightarrow \begin{matrix} 12x + 54y = 78 \\ -12x - 20y = 78 + (-16) \end{matrix}$

$\Rightarrow (12x + 54y) + (-12x - 20y) = 78 + (-16)$

$\Rightarrow 34y = 62 \mid :34$

$\Rightarrow \quad y = 2$

$4x + 44 \cdot 2 = 26 \Rightarrow x = -2$

$\mathbb{L} = \{(-2|2)\}$

Ab: Das Einsetzungs-
verfahren

$7x + 3y = 14$ $y = -2x + 3$ $7x + 3(-2x + 3) = 14$ $y = -2x + 3$ $7x + (-6x) + 9 = 14$ $y = -2x + 3$	Die zweite Gleichung sagt, dass y und $-2x + 3$ den selben Wert haben sollen. Deshalb darfst du das y der ersten Gleichung durch den Term $-2x + 3$ ersetzen. Die erste Gleichung kannst du nun wie gewohnt nach x auflösen und den erhaltenen Wert einsetzen (in der Gleichung).

1.) a.)
$$5x + y = 2$$
$$y = 7x - 22$$

b.)
$$x = 5y + 11$$
$$10x - 6y = 0$$

c.)
$$-4x + 7y = -1$$
$$7y = -x + 19$$

2.) a.)
$$13x - 9y = -41$$
$$x - 5y = -1$$

b.)
$$-6x + 42y = 0$$
$$13x - 70y = -21$$

c.)
$$13x - \frac{1}{6}y = -5$$
$$\frac{1}{6}y = 5y + 9$$